國際化
會計人才培養
模式研究

主　編◎章新蓉
副主編◎謝付杰、陳　萍

財經錢線

前　言

　　會計學院圍繞國際化培養的特色，不斷推進會計人才國際化培養模式改革，探索在會計人才國際化培養模式改革方面的實踐經驗，在學院內外形成了大量的理論研究成果，經學校領導和相關部門的鼎力支持，特匯集成集。本論文集以先進的會計教育教學理念為指導，緊扣會計人才國際化培養的主題，結合我院會計人才國際化培養模式改革的需要，從會計教學內容、課程和教材體系建設、教學範式和方法、實驗教學和實習實踐、教育教學管理和教學質量評價、學生思想教育和職業道德教育等多角度對其模式的改革與創新予以探討。所有論文緊扣主題，立足實際，突出創新，彰顯特色。

　　本論文集是學校和會計學院人才培養理念的實踐體現，是我校探索和建設特色專業的科研成果，是會計人才國際化培養模式的理論總結，是我校教育教學改革歷程的記載以及教學工作和學生工作的指引，是兄弟院系特色建設的交流平臺。本論文集的出版，實為拋磚引玉，希望校內外學者和行業專家撥冗指正。

章新蓉

目錄

基於「一帶一路」的重慶地方高校國際化會計人才培養模式探索…… 章新蓉（1）
會計學專業國際化人才培養相關問題思考 ……………………… 謝付杰（7）
獨立學院ACCA成建制班級管理初探
　　——以重慶工商大學融智學院為例 ……………………… 陳　萍（12）
基於ACCA特色的本科院校國際化會計人才培養研究 ………… 羅　萍（18）
重慶應用型本科院校國際會計人才培養探索 …………………… 杜　鯤（22）
應用型本科國際化審計人才培養實踐探索 ……………………… 郭濤敏（27）
會計人才培養途徑的國際化探索 ………………………………… 楊國慶（31）
獨立學院國際化辦學淺探 ………………………………………… 楊　欣（37）
國際化會計人才的培養模式探析 ………………………………… 吳青玥（42）
大學生國際化視野培養研究 ……………………………………… 李　蘭（47）
國際化會計人才培養模式探討 …………………………………… 姚　駿（52）
對國際化高級會計人才職業能力培養的思考 …………………… 唐鳳芬（57）
國際化背景下高校審計人才培養模式路徑的探索 ……………… 譚白冰（62）
會計人才培養逐漸國際化的趨勢
　　——ACCA ………………………………………………… 李秋河（67）
網路環境對國際化會計人才培養的影響
　　——基於教學內容方面 …………………………………… 薛　超（73）
獨立學院審計人才國際化培養路徑探究 ……………… 遊登貴　張錫俊（79）

1

| 國際化會計人才培養模式研究綜述 ………………… 遊登貴 盧亞然（84） |
| 會計國際化背景下中國本科會計人才培養目標定位 ……… 陳倩茹（89） |
| 高校會計教學引入國際執業資格教育的實踐與思考 |
| ——以重慶工商大學融智學院ACCA成建班教學實踐為例 … 李 倩（94） |
| 基於激發學生興趣點和認同度的可視化財會類課程建設探索 |
| ——以財務會計課程為例 ………………………………… 李 倩（101） |
| 淺議高校國際化會計人才的培養 …………………………… 魏曉華（106） |
| 國際化會計人才培養的對策分析 …………………………… 王歡歡（112） |
| 關於會計學專業教育國際化的一些思考 …………………… 包燕萍（116） |
| 關於獨立學院國際化會計人才培養的思考 ………………… 唐 莉（120） |
| 重慶「一帶一路」背景下國際化會計人才培養淺談 |
| ——以重慶工商大學融智學院為例 ……………………… 魏彥博（125） |
| 會計專業「國際化」培養模式下教學體系構建的思考 …… 許 爽（129） |
| 會計專業國際化人才培養研究 ……………………………… 趙 娜（135） |
| 國際化會計人才培養模式的研究 …………………………… 陳元媛（140） |
| 企業國際化對財務管理人才培養的影響 …………………… 韓冬梅（146） |
| 大數據下獨立學院的國際化人才培養模式 |
| ——定制式三全六化培養模式 …………………………… 王婧婧（151） |
| 關於會計專業國際化高素質師資隊伍建設的探討 |
| ——以ACCA為例 ………………………………………… 陳 影（157） |
| 高校會計國際化進程中教學管理體系優化研究 …………… 陳 影（160） |
| 國際化會計人才培養現狀及模式研究 ……………………… 王 燕（165） |
| 國際化會計人才培養模式的優化 …………………………… 楊瑞麗（171） |
| 淺談國際化會計人才培養模式 ……………………………… 李 軍（176） |

基於「一帶一路」的重慶地方高校
國際化會計人才培養模式探索

章新蓉

中國提出共建「一帶一路」的重大戰略決策，得到國際社會高度關注。「一帶一路」致力於建立和加強沿線各國互聯互通夥伴關係。在此背景下中國和新加坡戰略性互聯互通項目示範基地落戶重慶，重慶作為內陸開放高地，區域輻射帶動能力明顯增強，成為國家「一帶一路」和長江經濟帶的重要戰略支點。在全球經濟國際化和「一帶一路」發展進程中，具有開放視野的國際化會計人才日益發揮著不可或缺的特殊作用。

一、國際化會計人才培養模式的必要性和可行性

重慶作為內陸開放高地的區域發展趨勢，需要大批的國際化人才。正如原重慶國資委主任崔堅指出的「必須加大力度培訓一批熟悉國際市場規則和慣例，具有較高外語水平的外貿、金融、法律營銷、管理、財務等方面人才」。在這種大的區域經濟發展背景下，高校應該承擔起輸送國際化人才的重擔，因此，研究重慶地方高校國際化會計人才培養模式並積極開展國際化人才培養具有重要的現實意義。

1. 作為「一帶一路」重要戰略支點，培養國際化會計人才是打造內陸開放高地的內在要求

「一帶一路」從沿海到內陸，重慶隨著打造內陸開放高地步伐的加快，更多地融入全球化經濟，成了國家級內陸開放的港口樞紐；打通了亞歐大陸橋的渝新歐大通道；中新戰略性互聯互通項目示範基地落戶重慶；國際離岸金融及跨境的貨幣等結算中心迅速發展；美國、臺灣地區等的國際化企業先後落戶山城；建設、嘉陵、長安等在渝企業也相繼踏出國門拓展海外市場，越來越多「引進來」和

「走出去」的企業，使重慶成為國家「一帶一路」和長江經濟帶的重要支點。這就使具有開放視野，高素質、複合型的國際化會計人才的需求缺口逐漸增大。滿足「一帶一路」背景下重慶打造內陸開放高地對國際化會計人才的需求，是重慶地方高校肩負的重大責任。

2. 是提高應用型會計人才培養質量的必然要求

隨著重慶地方高校本科生招生計劃規模的擴大，本科學生招生人數迅速增加，而作為熱門的會計專業，學生人數增加更快。重慶地方高校面臨培養大量會計本科學生的重任。隨著在校會計本科人數的增加，學生畢業時的就業方向和優勢必然成為擺在重慶地方高校面前的一個重要課題。如何提高會計人才培養質量並增加本校學生的特色是各高校需要思考的重要問題。國際化是增加學生就業優勢的重要途徑之一。然而重慶本土高校現有的會計人才培養模式的開放性不夠是影響和制約其人才培養質量最為明顯的「短板」。通過「引進來教」和「走出去學」的途徑，有效地吸引、匯聚並整合更多的校內外優勢教學資源，並以此形成國際化會計人才培養的長效機制，將有助於提高重慶會計人才培養的質量和就業優勢，有助於提升會計人才在發展「一帶一路」的開放型經濟進程中的專業勝任能力和服務能力。

3. 具備探索國際化應用型會計人才培養模式的實踐環境

隨著重慶打造內陸開放高地進程的推進，一方面，諸如 ACCA、CIMA、CFA 等國外著名會計教育執業資格國際化機構進駐重慶，且對普通本科院校均有初級部分考試課程的有條件免試政策，為培養重慶國際化的會計人才，推進開放式國際化會計人才培養模式的探索提供了優勢資源；另一方面，有很多國內外企業，特別是國際會計師事務所搶灘重慶，它們在重慶的會計實踐、業務競爭與拓展，以及它們與重慶本土高校會計院系的校企合作，又將為探索構建國際化會計人才培養模式累積更多的經驗和素材，為國際化會計人才培養提供廣闊的實習實踐及就業的基地。以上兩個方面的實踐環境為重慶地方高校培養國際化會計人才提供了條件。

二、研究現狀分析

中國財政部前副部長在 2009 年 4 月 24 日會見來訪的英國特許管理會計師公會（CIMA）全球會長羅斯先生（Glynn Lowth）時指出，為了應對當前複雜多變的國際環境，特別是隨著經濟全球化的不斷深入，中國會計行業迫切需要培養擁有國際視野的高素質會計人才。希望今后中國會計行業能與其他國家的會計職業組織

積極探索更多的合作方式，共同培養國際化人才，促進行業的不斷發展。

　　許家林等（2003）認為經濟全球化趨勢對會計業務處理程序國際化的期待與呼喚是會計教育國際化觀念形成的環境，在做到會計教育的基本理念與國際接軌的前提下，將會計專門人才的培養模式、培養目標、培養要求、培養方式、培養形式和培養過程等諸多方面加快與國際會計教育發展相協調的進程，實行會計教育教學模式的改革與會計教育觀念的全面創新。沈英（2006）提出高層次複合型國際化會計人才的培養需要加快會計教育體制改革，正確定位會計教育目標，合理設置會計課程體系，改革會計教學方法，加強師資隊伍建設，改變教育觀念，培養學生創造性思維，提高學生的綜合素質。秦少卿、羅文潔（2007）提出了以中國-東盟經濟貿易發展的市場需求作為會計人才的培養原則，以充分利用國內、國外兩個教育市場，兩種教育資源為培養方式，以應用型、複合型、創新型、國際型人才為培養目標，通過市場配置資源，有效優化和配置國內外教育、企業和人才資源等，探索形成「不求整體教育水平一流，但求辦學特色」的適應中國-東盟經濟貿易發展的會計人才開放式培養模式。李家瑗（2009）從會計政策的制定及選擇、資產及產權價值真實性影響及會計準則的國際趨同與等效等方面看到會計是具宏觀屬性且為經濟發展服務的，認為會計的宏觀屬性及其基本職能內涵構成了會計為區域經濟服務的理論依據，並在目標創新、規格創新和體制創新方面描述了區域性會計人才培養模式的改革框架。胥朝陽、鄭力（2008）認為應以柔性教育理論為指導對會計人才培養體系進行一體化改革，形成以「1個專業基礎平臺+2個專業培養方向」（「1個專業基礎平臺」是指專業基礎課程平臺，「2個專業培養方向」是指CPA方向課程模塊和ACCA方向課程模塊）為基本架構的「基於執業資質的『1+2』會計人才培養體系」。陳姝（2014）認為，高校在人才培養的制度上應「以職業需求為導向，以產業結合為途徑，以提高質量為核心」來定位人才培養方案。

　　從上述文獻研究中發現，隨著經濟全球化對國際化會計人才的需求，許多會計學者都有論及會計專業人才的國際化人才培養問題，但關於具體實施模式及途徑卻幾乎沒有提及。筆者認為，會計人才培養模式應在全國範圍內基本一致的基礎上體現區域特性，不同地區會計人才培養模式應有所差異。對於成為國家「一帶一路」和長江經濟帶的重要戰略支點的重慶地區，打造基於內陸開放經濟的國際化會計人才培養模式應考慮與區域經濟發展接軌。

三、國際化會計人才培養目標、層次及模式探索

　　國際化會計人才培養模式是一個開放的系統，是集國際會計執業機構、國際

教育機構及社會各方資源為一體的系統開放平臺。高校的會計院系應將會計人才培養融入國際化的教育理念，其主要的人才培養活動源於社會、服務於社會發展，甚至在某一點上能一定程度地引領社會或職業界的發展進程，並將其主要活動、資源等的邊界延伸到社會與國際化之中，這樣的模式便可稱為開放式國際化會計人才培養模式。

1. 國際化會計人才培養目標的理念及定位

本著服務地方經濟建設的宗旨和開拓創新的精神，充分借鑑和利用國內外教育機構的先進教育理念和國內外企事業單位豐富的會計實踐經驗，形成以「國際教育與國內教育相結合、國內學歷教育與國內外執業資格教育相結合、國內本科教育與國內外研究生教育相結合、挖掘地方教育教學資源和服務地方經濟建設相結合」為基本內涵的「四結合」國際化會計人才培養新理念。

立足地方經濟社會發展的需要，通過與國內外高校及機構、校外政府機關和企事業單位的實務界資深專業人士的溝通交流，科學合理地對國際化會計人才培養模式的目標予以定位，實現高校會計教育教學和社會用人單位的「雙贏」。

2. 建立校內與校外資源相結合的開放式國際化會計人才培養模式

在傳統的會計人才培養模式的基礎上，進一步擴大開放，變相由封閉變為全方位開放的人才培養模式，實現校內會計教育教學資源與校外會計教育教學資源的充分融合，明確國際化會計人才的培養目標和培養模式，進一步優化課程體系，突出開放性、厚基礎、寬知識、高素質和強能力的培養特色，突出國際化的特色，調整教學內容和教學方法，深化改革教學管理，進而形成充分利用國際化資源協同發展、全面互利的良好運行機制。

3. 探索形成「雙翼齊飛」的專業發展格局

順應重慶打造內陸開放高地急需實戰型國際化會計專業人才的需要，與現有的應用型國內會計人才的培養相對應，開設 ACCA、CIMA、CFA、ACA 等國際化應用型會計人才的國際項目，形成國內與國際應用型會計人才培養「兩翼齊飛」的良好發展勢頭。同時，依託會計學專業和財務管理專業為堅實的基礎，在會計學專業和財務管理專業主體平臺上，面向市場、面向國際，著力打造 ACCA、CIMA 等國際化專業發展方向，構建以專業為主體，以國際化專業方向為特色的發展格局，以開放式的會計人才培養模式，開創培養具有開放視野、高素質、複合性的應用型會計專業人才。

4. 構建會計培養模式資源共享系統

積極開展與會計師事務所、企業、稅務、銀行等單位相互之間的聯繫，逐漸形成會計專業培養模式資源共享系統。積極努力推進會計人才培養模式嵌入重慶，是打造內陸開放高地的整體格局中共享會計教育教學資源的有效途徑。全方位地

將會計人才培養的主要活動、資源等的邊界延伸到內陸開放的社會大系統之中，使會計人才培養活動源於內陸開放經濟、服務於內陸開放經濟，甚至在某一點上能一定程度地引領內陸開放經濟高地中會計職業界的發展進程。

四、構建地方高校國際化會計人才培養模式的途徑

1. 與國際執業機構合作搭建國際執業資格成建制班

高校培養國際化會計人才有多種模式，其中與國際執業機構合作開設成建制教學班是近年來高校國際化會計人才培養的重要方式之一。以 ACCA 國際項目為例，其招生模式主要有三種方式：其一是在全校範圍內的大一新生入學后報名進行選拔；其二是作為專業方向直接列入招生計劃目錄，統一在高考招生中錄取；其三是採取國內和國外「2+2」模式。目前絕大多數高校採取第一種招生模式，在給學生二次選擇專業機會的同時，實行淘汰機制。

高校舉辦國際化成建制教學班，一般實行學年制下的學分制，在會計學本科培養方案中嵌入 14 門全球考試的 ACCA 課程。培養方案一般分為六大部分：公共基礎課、專業基礎課（ACCA 選修課）、專業主幹課（ACCA 課程）、專業選修課（ACCA 課程）、通識課、集中實踐性環節。在學生進校后的第一學期將重點強化英語聽說讀寫能力，同時開設中英文的專業基礎課程；從第二學期開始開設 ACCA 專業課程並使學生參加全球考試，再循序漸進地嵌入 14 門全球考試的 ACCA 課程。學生在完成會計專業本科培養方案全部課程並通過考試達到培養方案要求的學分后取得本科的學歷、學位證書，同時，通過全球 14 門課程考試的學生還將獲得 ACCA 執業資格證書。

2. 師資隊伍與國際教育機構合作以「借船出海」

地方高校在創辦國際化會計人才培養過程中，遇到的最大困難就是組建國際化的師資隊伍。目前高校與國際執業機構合作開設的成建制班，其國際化的師資可以與國際教育機構合作，這也是目前地方高校在開設國際項目成建制班時採取的一種方式。這種方式可以借助國際教育機構的師資、國際交流資源等快速開設國際項目班，形成地方高校、國際執業機構及國際教育機構的三方合作模式。如我院與楷博國際教育機構（KAPLAN）建立了比較長期穩定的合作關係。楷博是全球最大的 ACCA 培訓機構，從事 ACCA 教育已有 50 多年。楷博（中國）是 ACCA 官方認定的 ACCA 黃金級培訓機構，並與楷博國際共享全球師資。執教師資為 ACCA 持證、具有豐富 ACCA 教學經驗的教師（外籍教師為主），以全英文或雙語教學，為學生通過全球的全英文考試打下基礎。

ACCA項目的成功推進促進學院在教學理念、師資隊伍、課程體系等方面進一步向國際化發展，將為重慶打造內陸開放高地輸送國際化的應用型會計人才。在此基礎上，學院可以積極嘗試普通班專業課程的雙語教學，依託學校國際化開放辦學優勢，選派學生參加與外國高校的校際交流與互換項目，並在此基礎上培育「2+2」項目及其他國際項目，多方位拓展國際化會計人才培養模式的途徑。

3. 與校外、國外資源全方位合作形成國際化會計人才培養的共同體

基於「一帶一路」的地方高校國際化會計人才培養模式是一個開放的系統，是指以國際化會計人才培養為中心，運用開放、合作、協同的教育教學理念，針對傳統會計人才培養模式主體單一和相對封閉的缺陷，在促進教學與科研之間、教師與學生之間、理論教學與實踐教學之間內向深度協同的基礎之上，突破深度協同與開放協同的國際化會計人才培養體制壁壘，統籌推進國內與國外高校之間、國內教育機構與國外教育機構之間、國內的執業資格教育與國外執業資格教育之間、校企（特別是國際化的企業）之間開放協同的步伐，形成以雙向嵌入為單元系統結構，以實質性「地方高校的國際化會計人才培養共同體」為創新平臺，以「人才培養優勢互補、人才培養資源共享、人才培養能力同步」為創新效應的一種創新型國際化會計人才培養共同體，由此激發國際化會計人才培養系統的內生活力，切實增強國際化會計人才培養的自主能力，全面提高國際化會計人才的教育教學質量，快速提升國際化會計人才的培養水平。

參考文獻

[1] 許家林. 會計教育國際化：經濟全球化的期待與呼喚 [J]. 貴州工業大學學報, 2004 (4).
[2] J P LALLEY, R H MILLER. The Learning Pyramid: Does it Point Teachers in the Right Direction [J]. Education, 2007, 128 (1).
[3] 裘益政, 許永斌. 基於管理型特色的卓越會計人才培養模式研究 [J]. 商業會計, 2014 (2).
[4] 會計碩士報考特許公認會計師可免試9科 [J]. 國際商務財會, 2013 (6).
[5] 胥朝陽, 鄭力. 柔性教育視域下「1+N」課程體系的設計 [J]. 遼寧教育研究, 2008 (1).
[6] 陳姝. MPAcc教育的困惑與出路 [J]. 新西部：理論版, 2014 (23).
[7] 劉建秋, 劉冬榮. 註冊會計師勝任能力及其培養途徑研究 [J]. 會計之友, 2009 (16).
[8] 秦少卿, 羅文浩. 中國-東盟經貿會計人才培養模式研究 [J]. 會計之友, 2007 (7).
[9] 沈英. 國際化會計人才培養模式研究 [J]. 財會通訊：學術版, 2006 (4).

會計學專業國際化人才
培養相關問題思考[①]

謝付杰

隨著中國對外開放步伐的不斷加快，以及融入全球化浪潮的步伐的邁進，會計國際化已成為未來發展的必然趨勢，並不斷地向前推進，因此，加強國際化的會計教育是實現會計教育現代化的必然決策。

一、會計國際化人才的內涵及素質要求

1. 會計國際化人才內涵

「國際化人才」概念，是伴隨著 20 世紀 90 年代經濟全球化的步伐而產生的，目前還沒有一個統一的說法。有的學者把國際化人才定義為：「具有較高學歷（本科及以上）、懂得國際通行規則、熟悉現代管理理念，同時具有豐富的專業知識和較強的創新能力及跨文化溝通能力的人才。」也有學者認為國際化人才不是一個抽象的概念，而是專指滿足海外業務發展需要的特殊人才。那些具有國際化意識和胸懷，熟悉本專業的國際化知識和國際慣例，有較強的跨文化溝通能力，特別是具有全球性跨國公司工作的豐富經驗，在全球化競爭中善於把握機遇和爭取主動的高層次人才都應是國際化人才。

會計國際化人才，是指能夠熟練運用國際通用商業語言的高素質、複合型、創新型的會計專業人才。複合型，是指既掌握國際會計準則，能夠在國際學術交流或國際業務操作過程中運用自如，又熟悉國內現狀，能夠適應國內工作環境；既有紮實的理論基礎，又具備較強的實踐能力；既能熟練運用英語從事專業工作，

---

① 該論文是 2015 年度重慶市教委教改項目「經管類本科院校『產教融合』人才培養管理機制研究」（項目編號：153188）的階段性研究成果。

又能利用中文與國內同行切磋；既有較強的自學能力，又有一定的團隊協作能力、溝通能力，並具備較高的職業道德素養。創新型人才，是指具有高超的專業能力、寬廣的知識基礎、強烈的個人責任感、革新能力和靈活性，個人能夠不斷獲取新的技術、技能以適應其需要的人才。

2. 會計國際化人才的素質要求

會計國際化人才的內涵不能簡單地將有國際留學經歷或有國際工作經驗的會計專業人員等同於會計國際化人才，會計國際化人才是一種素質的表現。其素質要求有：第一，具有良好的語言溝通能力，能夠進行雙語交流；第二，能夠認同不同的價值理念，適應各地的風俗習慣；第三，具有寬廣的國際視野和強烈的創新意識；第四，熟悉國際會計準則，具有複合的會計專業知識能力和素質，能在國外企業、跨國公司從事相關國際業務。

二、目前會計國際化人才培養存在的問題

1. 培養目標模糊

不同的學者對國際化人才的理解不同，各高校培養的國際化人才類型也不同。但在國際化人才培養的過程中，高校培養的目標模糊是阻礙國際化人才培養質量的一個因素，培養目標模糊主要體現在「重語言、輕專業」和「重國外、輕國內」等方面。

高校與國際執業機構合作，引進原版教材、教學方法和課程體系是現階段中國會計國際化人才培養模式的主要形式。英語作為國際通用的商務語言，掌握英語是成為會計國際化人才的必備條件。因此，高校在教學環節中往往過分強調英語的學習和應用。在教學資源的分配方面，通常會從語言形式方面加大雙語教學和全英文教學的力度。語言教學的大量投入，勢必影響專業知識的教授以及對教學實踐環節的投入。同時，學生在選擇專業的時候，也沒有明確的目標，在學習上也往往只重視英語的學習，忽略專業知識的學習。如不少學生選擇讀 ACCA，是為了更好地就業，或者借此平臺為將來出國打好基礎。

目前的會計國際化人才培養模式往往過分強調「國際化」的重要地位，將「與國際接軌」放在首要位置。但是，真正的國際化會計人才應該是複合型的專業人才，不僅要掌握國際慣例，在國際交流和國際業務中運用自如；同時也要熟悉國內現狀，能夠適應國內工作環境，從事國內業務。

2. 重理論，輕實踐

目前國內會計國際化方向專業基本沿用國外的課程體系，如目前國際認可度

比較高的ACCA，雖然已經形成了先進的培養理念和合理的課程設計，專業知識覆蓋面廣，著眼於培養複合型專業會計人才。但是，這些課程體系也存在一定的缺陷，各高校在引用的過程中也會因為教學理念、教學資源等方面的限制而難以將先進的理念付諸實踐。大多高校在課堂實踐的過程中仍然採用傳統的以教師為主導的教學模式，缺乏啟發式、互動式的教學方式改革。傳統的教學方式缺乏教學實踐環節，難以在傳授知識的同時提高學生的實踐能力、邏輯思維能力和創新能力。

校外實習教學的缺失是目前會計國際化人才培養存在的嚴重問題。校外實習是實踐教學中不可或缺的重要環節，有助於學生將理論聯繫實際，對專業知識的掌握程度進行綜合性的檢驗；在此過程中，能及時發現自身理論基礎的欠缺之處並進行補救，全面提升實際工作能力。現階段，很多高校都與會計師事務所、稅務師事務所以及其他各類企業合作，建立了較為穩定的校外實訓基地。但是，這些實習基地多為中小型企業，難以實現進行國際化會計實踐的目的。國際化會計人才的培養，非常需要符合專業培養目標的具有國際背景、擁有國際業務的大中型企業作為實踐教學的平臺，尤其是世界500強公司和外商投資企業。因此，培養單位要加強同國際化公司的合作，建立具有國際化背景的實訓基地，為學生提供良好的實踐平臺。

3. 重考試，輕技能

現有的國際合作培養模式順應經濟全球化的發展，將國際會計從業資格培訓與學歷教育有機結合起來。但是在引進先進課程體系的同時，還帶有濃厚的應試教育色彩。從教學內容來看，偏重國外資格考試認證。教學環節中對學生專業技能方面的訓練尤其缺乏，特別是仿真實驗、會計軟件學習等學科實驗。從學生的角度來看，會計國際化方向的學生面臨繁重的學習負擔，不但需要在短時間內突破語言障礙，還要接受大量專業知識以通過考試，如ACCA和CIMA。在這個教學和學習過程中，大部分的學生將主要精力放在了ACCA和CIMA資格考試認證上面，而無暇顧及其他專業技能的培養。因此，現階段國內高校對會計國際化人才的培養受到應試文化的影響，存在過重的功利導向。這種應試教育模式不僅是會計國際化教育面臨的困惑，也是中國整體教育面臨的問題。

4. 師資緊缺

目前，會計學專業實驗教師大多是由會計專業教師擔任，並且大部分教師都是從學校畢業後就直接從事教學工作，對企業具體的財務會計業務環境未親身經歷，且大多數沒有在涉外企業中從事過國際會計業務。因此，在對涉外型的財務會計類模擬實驗教學環節，只能依靠教師自己的理解和想像來指導學生實驗，因而，教師的指導和解釋既缺乏真實性，也缺乏權威性。如果不改變這種現狀，國

際化複合型人才培養的目標就無法實現。所以，應加強師資隊伍建設，形成一批適應會計實踐教學需要的教師隊伍。

5. 缺少國際化的實踐教學資源

雖然大部分高校在會計學專業建設中，已通過購置常用的財務會計軟件（如SAP財務模塊、用友、金蝶等），形成了較為完善的校內實驗室資源，如「會計電算化實驗室」「會計仿真模擬實驗室」「ERP沙盤實驗室」和「會計綜合實驗室」等。在開設的各類實驗課程中，學生能夠熟悉常用財務軟件的使用，瞭解一般的財務流程，通過模擬的方式，將理論與實踐聯繫起來。但是，這些實驗項目大多以國內企業會計為背景，模擬內容單一，無法滿足會計國際化人才的培養需要。具有國際化背景的實驗資源和網路平臺嚴重缺乏，會計國際化的實驗課程難以開設。雖然會計國際化方向的學生由於購買原版教材，能夠得到官方網路平臺的技術支持，但這個平臺難以達到實驗模擬的目的。因此，國際化會計人才的培養僅靠國際化的教材是遠遠不夠的，國際化會計業務模塊的模擬和實驗也尤為重要。

三、會計學專業國際化人才培養實施的建議

1. 改革教育理念，借鑑國際高校經驗，確定會計國際化人才培養目標

國外高校在培養會計人才方面更加注重的是學生未來是否具有職業能力，並且以終身學習為目標，而在人才的培養理念上側重於學生的能力、專業素養和個性的培養，以此來滿足社會對複合型人才的需求。因此，中國應借鑑國際上的有效培養理念，通過向國際化教育理念的學習，最終實現以堅持終身學習為目標和培養能力為主建立適合中國高校的教學模式。並根據本校特色，制定具體的培養目標。

2. 加大教學方法的改革

要改變傳統的教學方法，可多方面採用先進的教學方法。

（1）案例式教學。將原版教材與國內外實際案例相結合，注重理論聯繫實際，並通過多媒體視聽教學方式集中學生注意力，如將歷史場景變得活靈活現。這樣能夠有效地吸引學生的注意力，並以此來提高課堂的效率，同時也能夠鍛煉學生的分析、判斷、獨立思考能力，還能夠提高學生的表達能力。

（2）交叉式教學。隨著世界經濟迅猛發展，會計人才不僅要具備專業的會計知識，也要瞭解其他的分支學科。會計學與信息科學、金融學甚至是倫理學等科目正變得更加密切。因此在教學中需融合各個學科的知識特點，通過交叉式教學培養出符合社會需求的會計人才。

（3）啓發式教學。示範啓發式、類推啓發式、相互啓發式、案例啓發式、提問啓發式、比較啓發式和激勵啓發式等教學方式的綜合運用有利於激發學生的學習熱情，提高自主學習能力並深入理解重點、難點和熱點問題。

3. 引進和培養國際化的師資

擁有國際化的教師隊伍是實現會計教育國際化的重要保證。一所高校只有擁有了能夠教授國際專業課程的師資隊伍，才能談得上實現了教育的國際化。因此，大學需要建立和完善提高師資質量的保證制度，持續提高教師的業務理論水平及實踐能力。教師隊伍要通過學校專職教師和具有行業相關工作經驗的兼職教師組成，從而逐漸形成達到國際標準化的教學師資。這樣有利於提升教學質量以及學生的學習成果。

4. 完善實踐教學資源

高校在加大實驗實訓室建設的基礎上，積極開發實驗實訓項目，購置相關的教學軟件，以滿足國際化培養的需要。另外，學校也要加強與實務界的聯繫，加強校企合作，加快實習基地的建設，設置校外實訓基地供學生實習，並配合在校內設置的現代化多媒體教學儀器來改善國際化會計的教學水平。

四、結 語

會計國際化人才培養是順應時代發展要求的一個新課題，也是一個必須面對的課題。雖然中國在會計國際化人才的培養方面取得了一定的成績，但同時還存在許多問題，如國際化人才的定位模糊、師資緊缺、教學方法單一、教學資源不足等，這些問題對國際化人才的培養質量有一定的制約。高校要結合自己的學科優勢，更好地整合國內外資源，與國內外高校開展多層次的合作，借鑑國內外先進的經驗，改革教學方法，引進和培養國際化師資等，不斷提高國際化人才的質量與水平。

參考文獻

[1] 柏群，姜道奎. 地方高校國際化人才培養新途徑的探索［J］. 科技與管理，2009（5）.

[2] 馬永輝，施洋. 基於校企合作的國際化人才培養模式研究［J］. 黑龍江高教研究，2013（2）.

[3] 李成明，張磊，王曉陽. 對國際化人才培養過程中若幹問題的思考［J］. 中國高等教育，2013（6）.

[4] 張林，陳欣，徐鹿. 國際化會計人才培養模式探析［J］. 商業經濟，2011（6）.

[5] 王琴. 會計國際化視角下的人才培養模式選擇［J］. 財會通訊，2008（3）.

[6] 何丹，吳芝霖. 創新型會計國際化人才實踐教學模式研究［J］. 財會月刊，2014（7）.

獨立學院 ACCA 成建制班級管理初探
——以重慶工商大學融智學院為例

陳 萍

改革開放以來，外國資本大量湧入中國市場，中國成為重要的投資目的地和「世界工廠」。而今大量的本土企業由於海外上市和國際化擴張等戰略需要，對熟悉國際慣例、具有國際視野和豐富專業知識與技能的高級會計人才的需求愈發迫切，客觀上需要更多具有國際認證資格證書的會計人才。ACCA（特許公認會計師公會）是國際會計準則委員會的創始成員，擁有目前世界上領先的、規模最大的專業會計師團隊，是全球最具規模的國際專業會計師組織。取得 ACCA 資格證書的會計師也被稱為「國際註冊會計師」，就相當於擁有打開職業發展之門的金鑰匙。如今，中國各高校也紛紛與 ACCA 合作開設 ACCA 成建制班以培養被國際認可的高級會計人才，這已成為高校財經類教學改革的一大特色。在 2014 年 9 月，重慶工商大學融智學院與楷博（中國）教育投資管理有限公司（KAPLAN）合作，成功開設了 ACCA 成建制班級，並於當年開始招生。

一、ACCA 成建制班級組建的意義

（一）人才培養模式改革的需要

人才培養模式的改革和創新是目前高校深化教學改革、提高教育質量的重要課題。人才培養模式，是指依據一定的教育目的、教育理念、培養目標，遵循一定的工作程序，採用一定的方法對受教育者進行知識傳授、能力和素質培養，並使其達到預期的培養效果，是學校為學生構建的知識、能力和素質結構及實現組合這種結構的方式。組建 ACCA 成建制班級有著特有的人才培養目標、培養特色、培養規格與課程體系設置。它採用中英文雙語教學和全英文教學相結合的模式，將 ACCA 的 14 門課程納入教學計劃，並要求學生參加全球統考。ACCA 成建制班

級是一種全新的人才培養模式，是人才培養模式改革的需要和重要嘗試。

(二) ACCA 國際化人才培養的需要

隨著會計在全球經濟發展過程中的地位日益凸顯，共同的會計語言必不可少。國際會計準則被全球一半以上的國家所採用，被聯合國指定為國際通用會計標準，在協調各國會計準則和會計實務，提高各國（包括中國）會計工作水準，促進世界各國的經濟交流和國際的資本流動等方面，發揮了積極作用。同時順應需求，服務地方，重慶工商大學融智學院作為地方高校，承擔著為地方經濟發展培養高素質人才的任務，因此更需要以地方需求為導向，培養「適銷對路」的人才。近年來，重慶市加快推進內陸開放高地建設，進一步建設汽車、筆記本電腦、雲計算三大國際產業基地，加快推動保稅區、渝新歐鐵路、機場等口岸高地建設與重慶離岸金融中心建設，加強外資利用和海外投資以促進外向型經濟發展。這都需要大量既有專業能力又熟悉國情、市情的高素質、應用型國際會計人才，因此，對 ACCA 國際化人才的需求量很大。

(三) 提升學生就業競爭力的需要

當前世界一體化和經濟全球化趨勢明顯，人員的流動也越來越頻繁，學生面臨越來越激烈的國際化人才的競爭，因此就業的壓力會越來越大，只有具有國際視野、複合型的人才才能在激烈的競爭中爭得一席之地。ACCA 班是國內學歷教育與國際學歷教育相結合、本科教育與國際職業教育接軌的一種新模式。目標是培養具有 ACCA 資格，具備嫻熟的專業財務英語聽說讀寫技能、高標準的國際財務專業水平，知識面廣博，適應現代商務需要，能在大型跨國公司、大型涉外股份制企業、會計師事務所或證券金融等機構從事高級財務、管理等相關工作的現代化人才。

二、ACCA 班級的現狀及學生特點

(一) 班級現狀

在重慶，繼重慶工商大學、重慶大學和重慶理工大學三所高校招收 ACCA 成建制班之後，重慶工商大學融智學院於 2014 年成功組建 ACCA 成建制班級。重慶工商大學融智學院作為重慶地區唯一一所開辦 ACCA 班的三本院校，為了提高生源數量和質量，與前三個學校採用相同的模式，都面向全校選拔 ACCA 班學生，且都組織了統一的選拔考試，要求學生必須具備一定的報考條件（如高考成績、英語基

礎、家庭條件、學習能力、自我約束能力等）。在與專業的培訓機構合作上，重慶工商大學融智學院與重慶工商大學及重慶大學一樣，均與楷博（中國）教育投資管理有限公司（KAPLAN）合作，從2014年開始招生，目前有兩個年級，每個年級約有40名學生。

（二）學生特點

1. 學習熱情高

ACCA班的學生基本上是從整個年級最優秀的學生中選拔出來的。這批學生的整體素質較高，他們能夠充分認識到學習的重要性，具有很強的學習能力和適應能力，重視自己的成才成長，能刻苦學習各門課程。特別是ACCA班的退出機制給予他們很大的危機感，不像其他班級學生進入大學校園後有松氣、懈怠的現象，ACCA班全班同學普遍的學習熱情和積極性比較高。

2. 獨立意識強

正因為ACCA班的這批學生比較優秀，他們有很多的自我主張和想法，有自己的打算和安排，有強烈的自我發展願望。一方面，有個別學生比較強調個人的價值，個性比較張揚，有的甚至我行我素，不願受過多的約束和規範。另一方面，由於ACCA班特有的概念，容易使學生形成特殊的群體，導致學生的小團體意識較強，與學院同年級的其他班級缺少交流，缺乏大團隊精神。

3. 自我感覺好

ACCA班的學生都經過了選拔和激烈競爭，能夠進入這個班級充分證明了他們成績的優異。同時ACCA班從學院的重視、課程的設置以及師資的配備等方面多少會有相應的傾斜，因此ACCA班的學生會以進入這樣的班級為榮，會有比其他行政班級更好、更特殊的感覺。這讓他們的自我感覺很好。

三、ACCA成建制班級學生管理存在的問題

（一）學生對ACCA的認識比較模糊

學生對於ACCA的認識普遍還是比較模糊的，對於ACCA班的定位和人才培養方向瞭解不多。部分學生及其家長之所以都想選擇進入ACCA班，很大程度上認為這是一個國際化班，不管是想要提高英語還是想到境外交流，都能夠享受到比較多的政策傾斜和有利資源。因此選拔機制使學生在進入ACCA班的時候就有一種特殊感和優越感，在進入之後很多學生更多只是從自我發展的角度考慮，對於師資或者課程稍有不滿就發牢騷、提意見，認為既然是學校單獨成立、特別重視的班

級，理應配備最強的師資和最好的資源。另外，由於課業的緊張和競爭的壓力，ACCA 班學生無心也無暇關注班級活動，促使他們越來越自私和自我。

(二) 學生基礎比較薄弱

獨立學院在三本批次招生，在本科中的生源一直處於較低層次，招收的是高考錄取中分數偏低的學生。他們整體學習基礎相對薄弱，學習能力和習慣較差，學習興趣不濃，且兩極分化情況嚴重。如此生源結構給以英語為主要教學語言的 ACCA 課程學習設置了很大的障礙，也給學生管理、學風建設帶來了很大的困難。

(三) 學生心理問題較突出

ACCA 班的學生多為獨生子女，且家境普遍較優越，不當的家庭教育和社會不良因素的影響，造成他們自我意識強、受挫力弱、攀比心理突出，甚至有些學生由於家長的溺愛，出現責任意識、規則觀念缺乏，自私自利情況嚴重，過分追求個人的權利和利益，不合群等問題。另外，為提高 ACCA 班的人才培養質量，ACCA 班採取退出管理機制，一學年後根據學生的綜合學習情況進行評價，對於不適合再學習 ACCA 的同學進行淘汰。這在一定程度上加大了 ACCA 班學生的危機意識，鞭策學生努力學習，但隨之也帶來了學生的思想和心理問題。

四、構建與獨立學院 ACCA 班相適應的班級管理機制

(一) 堅持服務 ACCA 班人才培養的工作理念

在堅持整個學校的服務育人理念的同時，還要明確 ACCA 班學生的管理工作是要服務於 ACCA 班的人才培養任務。ACCA 班人才培養的目標是培養具有國際視野和國際交流能力的應用型高級財經類專門人才，同時具有國內學歷教育與國際學歷教育，具有 ACCA 資格，具備嫻熟的專業財務英語聽說讀寫技能、高標準的國際財務專業水平，知識面廣博，適應現代商務需要，能在大型跨國公司、大型涉外股份制企業、會計師事務所或證券金融等機構從事高級財務、管理等相關工作的現代化人才。在為 ACCA 班學生提供盡可能多的專業學習、國際化、實習實踐等條件的同時，多舉辦高層次的學術講座和專業競賽，瞭解國際班學生的專業思想以及具體需求，加強國際班學生與授課教師的溝通和交流。

(二) 多措並舉，提升學生工作人員素質

ACCA 作為一個國際化項目，處於接觸西方教育理念、價值觀和理論思潮的前

沿陣地。學生工作人員要及時更新育人理念，積極學習先進的管理育人理論和技能。目前，以輔導員為主體的學生管理工作隊伍正在努力向「專業化、職業化」的道路發展。這支隊伍不僅需要有堅定的思想政治素質，以及教育學、心理學、社會學等多學科的理論基礎，還要有豐富的學生管理工作經驗。所以要重視學生工作人員的職業發展，以科學發展觀為統領，通過政策配套，以職業資格培訓、學歷學位進修等方式提高學生工作人員的理論水平和業務能力，讓輔導員們具有思想政治教育、職業規劃教育、心理健康教育等方面的經驗，並鼓勵其攻讀碩士、博士學位。同時針對國際化特點，學生工作人員還應特別重視提升外語能力，能熟練運用外語與外籍教師交流。通過對學生工作隊伍管理水平的不斷完善，提高管理效率，形成以人為本、有教無類、服務學生成長成才的良好工作局面。

（三）抓住 ACCA 班級管理工作的關鍵

做好 ACCA 班級管理工作，一定要抓住班級管理中的關鍵環節。第一，抓住對學生思想引導的關鍵環節。抓住學生剛入校的節點，利用 ACCA 班選拔動員會、入學教育以及班會等機會，給予學生充分的思想引導。要明確告訴學生 ACCA 班組建的目的、人才培養的定位以及將來就業的方向，更要強調 ACCA 班是學院為適應國際化辦學而舉辦的一個專業方向，沒有任何特殊性和政策傾斜。從思想上讓學生不要有任何優越感，並且做好面對激烈競爭的準備。第二，抓住班級建設的關鍵環節。首先，增強 ACCA 班學生的班集體意識，強化班級的各項規章制度，在班級內部多開展一些增強凝聚力的拓展和交流活動；其次，引導和鼓勵 ACCA 班同學多參加國際性的比賽和活動，在拓展視野的同時可以把班級同學都緊緊地凝聚在一起。第三，抓住對個別學生的心理疏導的關鍵環節。首先，要做到瞭解每一位學生的心理狀況，掌握學生的心理特點，建立學生心理狀況檔案；其次，要針對個別問題嚴重的學生做好心理疏導和心理治療，同時尊重學生的個性發展，突出多元化發展方向。

（四）健全 ACCA 班級管理工作的保障機制

ACCA 班級管理工作涉及方方面面，要想做好 ACCA 班級管理工作，需要建立一套科學有效的運行機制作保障。第一，建立導師機制。為 ACCA 班配備「政治強、業務精、紀律嚴、作風正」並具有豐富工作經驗的專職輔導員的同時，再配備一名思想素質好、專業能力強的教學骨幹作為導師，在 ACCA 班剛一組建時就給予學生學習、生活和成長的指導，特別是對學生的專業學習、未來發展給予重點指導，同時針對不同學生進行有效的個性化教育和心理引導，幫助學生全面成長。第二，建立互動機制。要通過座談會、問卷、個別談話等方式瞭解 ACCA 班學生對

於當前教學、課程以及教師的意見和建議，及時向學院分管教學的副院長反饋，並不斷加以改進和完善。同時也要及時關心 ACCA 班授課教師對於班級學生出勤以及上課情況的反應，掌握學生的具體情況，對於嚴重的問題及時進行有效的引導和教育。第三，建立全員機制。ACCA 班級管理工作是一項系統工程，需要「全方位、全過程、全體人員」的參與。成立 ACCA 班學生思想政治工作領導小組，定期專題研究 ACCA 班學生的思想政治工作，不斷拓展 ACCA 班學生思想政治工作內容，不斷優化 ACCA 班學生思想政治工作的體制機制。充分發揮全體教師育人的積極性，將思想政治教育工作與專業教學融為一體，在專業課教學中融入思想教育，培養 ACCA 班學生從事職業必須具有的責任意識、團隊意識和敬業精神，從而全面提高學生的綜合素質。

參考文獻

[1] 田冠軍. ACCA 認證國際會計人才供需分析及教學建議 [J]. 財會月刊，2013（3）.
[2] 代璽玲. 高校與 ACCA 合作模式研究 [J]. 沈陽教育學院學報，2010（8）.
[3] 王亭. 國際化方向班學生管理工作的若幹思考——基於國際稅收方向班的視角 [J]. 長沙航空職業技術學院學報，2015（9）.
[4] 周翔. 獨立學院對外合作辦學項目管理的優化研究 [J]. 福建教育學院學報，2015（10）.

基於 ACCA 特色的本科院校國際化會計人才培養研究

羅　萍

一、國際化發展的形勢需要大批國際化會計人才

　　隨著經濟全球化的快速發展，國際合作也日益密切，中國的經濟發展模式也日趨國際化。國內會計準則與國際會計準則逐漸趨同，會計的國際化問題日益成為會計界研究的重要課題。國際化是指由於國際交往的發展，客觀上要求各國在處理有關事務上，通過相互溝通、相互協調，從而達到採用國際規範和統一通行做法的行為。會計領域中的國際化行為，會計界常簡稱為會計國際化。會計國際化是指由於國際經濟發展的需要，管理上要求各國在制定會計政策和處理會計事務中逐步採用國際通行的會計慣例，以達到國際會計行為的溝通、協調、規範和統一，即採用國際上公認的原則和方法來處理和報告本國的經濟業務。

　　中國越來越需要既懂國內的會計體系，又熟悉國際會計慣例的財會人才。中國會計國際化是必然趨勢，企業對會計人才的要求越來越高，對國際化會計人才的需求也越來越大。在培養國際化會計人才的探索中，ACCA 逐漸進入人們的視野，開展 ACCA 培訓項目也越來越受到各高校的關注。ACCA 是特許公認會計師公會（The Association of Chartered Certified Accountants）的簡稱，成立於 1904 年，是目前世界上領先的專業會計師團體，也是國際上海外學員最多、學員規模發展最快的專業會計師組織。ACCA 在國內被稱為「國際註冊會計師」，其資格被認為是「國際財會界的通行證」，在國際上享有極高聲譽。擁有該證書可幫助學員迅速成為國際化高級管理人員，在專業領域擁有國際競爭力。

二、高校 ACCA 特色國際化會計人才培養的現狀

1. 課程設置

ACCA 的課程設置包括知識課程、技能課程、核心課程與選修課程四個部分，基本上涵蓋了會計專業需要瞭解的經濟背景和專業技能。經過了多年的實踐與發展，ACCA 的課程設置與設計具有一定的合理性。但是，現在的 ACCA 課程注重對會計處理的講解與分析，而很少有對理論的分析，很容易造成學生只知其然而不知其所以然。在教學實踐中，教師只能穿插講解些有關會計理論的知識，而這又存在與 ACCA 課程體系銜接的問題。對於與 ACCA 合作共同培養國際化會計人才，首先是深入學習專業知識的能力；其次是博覽學習綜合知識的能力。即現代的會計人員不僅要掌握紮實的專業知識，還要熟悉國內外的法律法規、國際貿易以及財政金融等專業的相關知識，只有這樣才能勝任國際企業的會計師。

2. 師資隊伍

高校會計類專業雙語教學能否順利實施，與師資隊伍的配備息息相關。ACCA 課程全部採用雙語教學，這就對 ACCA 課程的授課教師提出了要求，不僅要具備中外會計、稅法等專業知識，還要精通英語，能夠用英語講授 ACCA 課程。目前高校成建制班的師資主要由外聘的外籍教師、本校教師和外聘培訓機構的教師組成，這三類師資在教學經驗、流動性、文化背景、語言能力、對國際和中國會計準則的熟悉程度、教學精力、專業功底等都各有優劣。大多數高校與 ACCA、KAPLAN 等國際機構聯合辦學，提供的師資基本都具有 ACCA 學習經歷，而且大多具有國外工作或學習經歷，見效比較快，但師資成本高，流動性較大，在校時間少，沒有足夠時間與學生溝通和交流，基本上都是集中授課，一節課講授的知識點多，學生難以理解和消化。有的高校從本校專業教師中選派專業知識過硬、英語水平高的教師授課，有的高校從其他高校聘請能夠講授 ACCA 課程的老師授課。高校講授 ACCA 課程的老師沒有系統地學習過 ACCA 課程，或沒有國外的工作和學習經歷，對 ACCA 課程的理解和定位不準，對其中的專業術語和國際慣例理解有偏差，難以正確引導學生進行學習和備考。

3. 雙語教學

當前，中國高校 ACCA 課程都使用全英文授課或採用雙語教學。學生在畢業時，應具備相當的英語水平，掌握最新的專業知識，具備良好的分析、判斷和解決問題的能力。由此可見，雙語教學不是單純的外語教學，重點應是專業課程教學；此外，要以教會學生以英語為工具獲取和掌握專業知識，瞭解西方發達國家

相關領域的發展狀況為目標，而不是單純地為了提高外語水平；最后，雙語教學不是先用漢語講解，然后用外語重複一遍，而是將兩種語言的使用比例拿捏得當，培養學生跨文化意識和用英文思考的能力。ACCA 雙語教學應完全突破傳統英語教學旨在培養學生英語聽、說、讀、寫能力的界限，更重視英語和專業學科的相互融合，培養學生用英語思維的習慣及其領悟能力。

4. 教材

ACCA 的教材是由英國 BPP 出版社出版的，是基於國際會計準則編寫的。參與撰寫教材的基本上是國外的會計專家，他們對中國的情況知之甚少，基本不考慮中國的具體情況。ACCA 教材完全按國際會計準則編寫，中間不涉及中國會計準則的相關內容，更沒有國際會計準則、美國會計準則與中國會計準則的比較。而中國高校培養的學生將來絕大多數會在中國境內工作，卻對中國國情和中國會計準則瞭解很少，很難勝任工作。此外，實驗教學資料的短缺同樣是國際化會計人才培養過程中的一大難題。各高校現有的實驗設備與資源大都是根據工業企業為背景來開設的，學生無法體驗到國際化會計業務的處理流程與操作方法。

三、對高校培養 ACCA 國際化會計人才的建議

1. 優化課程結構

國際化會計人才的培養旨在培養具有國際會計師執業水準，能在外資企業、國際會計師事務所、跨國公司及其他相關單位從事涉外會計工作的高層次、國際化專門人才。對於國際化會計人才的培養，要引進國際化的課程體系，採用全英文教材，實行雙語教學，調整知識結構，增加國際化管理、信息系統以及網路技術等方面的課程。針對國際化高端會計人才特徵，強化實踐教學體系，通過仿真模擬、案例競賽、實踐講座、境外實習等方式提高學生的專業實踐能力和社會實踐能力，讓學生通過 4 年的系統學習，不僅能系統掌握國際上最新的會計理論和方法，打下良好的專業基礎和英語基礎，還具備在會計專業領域進行國際交流的能力。

2. 加強師資隊伍建設

教師是高校最重要的教育資源，教育國際化的關鍵因素是師資隊伍的國際化，那麼培養優秀的 ACCA 教師就是當前高校國際化會計人才培養教學改革的重要任務。聘請外籍教師和專業培訓機構的教師並非長久之計，高校在引入 ACCA 機構的優秀師資的同時，應加強對自有師資的培養：一是鼓勵教師參加英語培訓，到國外或國內知名大學去作訪問和學術交流，提高英語水平和專業知識能力；二是

組織教師參加 ACCA 課程學習，學習授課技巧，掌握考試動向，瞭解行業動態；三是鼓勵教師到外資企業進行社會實踐，不斷充實和更新教師實踐應用能力，提高其培養國際化高素質會計人才的授課水平，打造優秀的 ACCA 師資隊伍。

3. 提高教材質量

在教材的編委會中吸收中國高校的教師，推出中國情況的介紹、中國會計準則與國際會計準則的對比分析。鼓勵教師以及相關的機構在設計實驗項目時，加大綜合實驗項目的開發與設計，將財務會計、管理會計、營銷知識、管理技能進行全面整合，設計出涵蓋涉外稅務、國際投資、國際結算等內容的實驗教材。

總之，在 ACCA 專業人才培養方案中應引進國外先進教育理念和教學模式，借鑑國際先進辦學經驗，不斷加強國際合作，按照培養國際化會計人才的要求設計本科生培養方案、制訂教學計劃、開展課程建設和師資隊伍建設等，探索國際化會計人才培養模式。

參考文獻

［1］古利平. 會計國際化教學相關問題探討——基於 ACCA 雙語教學的思考［J］. 財會通訊, 2010（7）.
［2］魏瑩. 會計專業雙語教學若幹問題的探討——基於 ACCA 專業的思考［J］. 環球人文地理, 2014（4）.
［3］田冠軍. ACCA 認證國際會計人才供需分析及教學建議［J］. 財會月刊, 2013（3）.
［4］於玉林. 會計國際化：不是會計去中國化而是強中國化［J］. 國際商務財會, 2016（1）.

重慶應用型本科院校
國際會計人才培養探索

杜 鯤

一、重慶應用型本科院校培養國際會計人才的意義

近年來，隨著高等教育規模的不斷擴大，中國的高等教育已經從精英教育階段走向了以培養應用性人才為主的大眾化教育階段。以社會需求為導向、注重對學生實踐能力和職業能力的訓練、培養高層次的應用性人才，已經逐步衍生為高等教育所面臨的新課題。

隨著經濟全球化、一體化進程的加快，中國的國際地位和話語權不斷提升，需要我們全方位開展國際交流與合作。以重慶為例，2010年6月18日，重慶兩江新區正式掛牌成立，成為繼上海浦東新區、天津濱海新區之后第三個國家級開發區。外資企業大量湧入重慶，到2014年6月，世界五百強企業入駐重慶數量從成立之初的54家增加到127家，「外企時代」的到來擴大了重慶市場對國際化人才的需求。而這當中，由於中外經濟結算方式的差別，又尤以國際會計人才和國際結算人才的需求量居多，並且此類國際人才的缺口數量非常大。2011—2014年，重慶國際化會計專業人才還處在「企業找人」的階段。僅美國惠普公司的亞太金融結算中心就需要超過3,000名國際結算和會計人才，再加上重慶有約5,000家外企，平均1家外企需要2個國際會計人才，那麼重慶至少需要10,000個本土國際會計人才。《會計改革與發展「十二五」規劃綱要（2011—2015年）》指出，「立足國內、放眼世界，全方位開展會計國際交流與合作，積極融入國際會計事務，不斷提升中國會計在國際會計舞臺上的話語權和影響力；健全既具中國特色又有國際影響，對會計教育和會計實務具有指導作用的會計理論方法體系」；《會計行業中長期人才發展規劃（2010—2020年）》提出「會計人才隊伍建設的主要任務

是：到 2020 年，著力培養造就 60,000 名大型企事業單位具有國際業務能力的高級會計人才、2,600 名具有國際認可度的註冊會計師、100 名具有國際水準的會計學術帶頭人等高端會計人才，建成一批會計人才高地，造就一支國際一流的會計人才隊伍，力爭高層次會計人才總量在新興市場經濟國家中處於領先地位」。

另外，從中國會計行業國際人才儲備來看，《國家教育事業發展第十二個五年規劃》指出：「要加快培養應對國際競爭的經濟、管理、會計、法律和國際關係人才。」以重慶國際化教育情況來看，《重慶市中長期城鄉教育改革和發展規劃綱要（2010—2020 年）》明確指出：「加快教育國際化步伐，提升教育國際化水平，推動重慶教育的國際交流與合作，借鑑國外先進的教育理念和教育經驗，提高重慶教育國際化水平，培養大批具有國際視野、通曉國際規則、能夠參與國際事務與國際競爭的國際化人才。」顯然，要保障和促進社會經濟的對外開放，並為各類經濟主體在未來國際市場競爭中贏得主動，國際化人才尤其是那些通曉國際會計、國際金融結算、國際商務方面的高端應用型人才必不可少。因此，重慶各應用型本科院校作為本土培養國際會計人才的重要力量，必須順應時代的要求，深刻領會國家和地方國際化人才戰略意圖，充分發揮自身特色和優勢為國家和地方國際化人才戰略服務、為地方經濟國際化發展服務。

二、重慶應用型本科院校國際會計人才培養存在的問題

自 20 世紀 90 年代以來，中國會計學的高等教育一直在不斷地進行改革的嘗試。然而，各應用型本科院校會計學專業的本科人才培養體系大多還是基於傳統的教學模式，滯后於經濟建設的客觀進程，一定程度上已不能滿足國際化人才培養的需求，而這些局限在各類企業參與國際化合作、實施「走出去」戰略目標的映襯下顯得更加突出。根據我們的調研和分析，當前重慶應用型本科院校會計人才培養存在以下幾個主要問題：①培養目標較為模糊，缺乏清晰的定位。②課程設置不夠合理，部分教學內容較為陳舊。③偏重會計理論知識教學，實踐能力培養不夠。顯然，以傳授知識為主的培養模式已經嚴重滯后於國際會計環境的變化，必須重塑會計人才培養理念，構建新的會計人才培養體系。因此，如何以最快的速度和最有效的方式不斷培養出具有全球視角和具有國際競爭力的高素質複合型人才，實現與地方經濟戰略發展需求的「無縫對接」，是構建會計學國際化人才培養體系亟待解決的問題。

三、重慶應用型本科院校國際會計人才培養方式

(一)樹立先進的教學理念,推進會計教育國際化發展

隨著全球經濟格局的變動,新一輪的國際產業結構調整和轉移方興未艾,知識更新的週期進一步加快,高質量的科技成果以及它向生產力轉化的程度也會越來越依賴於不同學科、不同領域的相互交叉和融合。重慶應用型本科院校會計教育也應及時適應這種環境的變化,確立新的具有國際化特徵的教育理念。需要重視以下問題:

1. 更新教學理念,提高學生適應高科技和經濟全球化新環境的能力

香港會計教育成功經驗主要在於出色的國際融合式的會計教育,這也和香港排名世界前列的全球化程度密不可分。

2. 開展全英文教學,促進高校會計學課程教學與國際接軌

實施會計專業全英文教學,在教學內容上引進國際會計準則與操作指南,在教材選用上參考國際最新版本的會計教材,可以有效實現課程體系與國際接軌,有利於加快會計教育國際化的進程。廣東外語外貿大學 ACCA 教學中已全面採用全英教學,以此為切入點嘗試幫助學生更好地理解國際會計準則的內容,這一做法取得了良好效果。

3. 優化 ACCA 方向會計專業教學,培養應用型、外向型的會計專門人才

當前,中國越來越多的大學將 ACCA 專業資格考試納入本科教育體系,與 ACCA 合作開設成建制班已成為高校財經類教學改革的一大特色。ACCA 教育作為國際化人才培養的一種行之有效的方式,應該與 CPA 教育進行有機結合,而不是互相排斥;要處理好 ACCA 教育中的人才培養與應試的關係,進一步合理完善課程體系;要不斷提升教師隊伍質量和數量水平,解決目前 ACCA 教育人才不足的問題。

(二)面向職業化要求,完善會計專業碩士學位(MPAcc)培養模式

社會經濟發展對會計人才需求結構的變化,以及會計研究生擴招等因素,使得中國原有的會計專業碩士研究生培養模式面臨巨大挑戰。如何適應社會經濟發展及研究生個人發展的需要,構建多元化的培養目標和創新的培養模式已成為當前會計教育亟待解決的重大課題。會計專業碩士(MPAcc)的設立目標是培養具有良好職業道德,系統掌握現代會計理論與實務以及相關領域的知識與技能,具備會計工作領導能力的高素質會計人才。這一舉措有利於改變當前會計人員隊伍

的知識結構和學歷結構不合理的現狀，提高會計人員隊伍的素質。MPAcc 的教學模式涉及會計實驗課程安排、案例學習與撰寫、雙導師制、校企合作、與職業資格認證的關聯以及「雙導師型」師資隊伍建設等方面，建立對全日制型會計碩士專業學位研究生的協作式培養模式。

（三）構建科學合理的課程體系，運用靈活實用的教學方法，提高會計教育教學質量

從會計專業畢業生的就業領域與職業發展前景看，會計專業學生應充分學習相關學科知識，具備可持續發展能力。如何通過學科課程體系和教學方法的優化，來保證學生基本理論素養的形成，並為就業和繼續深造打下一定的基礎，是各高校會計教育中的一個緊迫問題。要解決這個問題，需要做到：

1. 注重知識的完整性和綜合性，構建科學合理的課程體系

會計人才培養要打破「小會計學科」的視野，改進已有課程體系中會計味道太濃、教學內容與實踐脫節、教材上土洋結合不當、教師重科研輕教學等不足。可以嘗試在三方面改革現有課程體系：一是強調理論與實踐的結合，強化對已有課程中理論的創新意識，改善陳舊的分析方法；二是在案例教學的選擇上，應進一步優化案例的來源，通過教師主導、學生參與，提升案例教學效果；三是在師資要求上，進一步強調對師資力量在經濟、管理等方面的理論素養的要求，同時提升教師的實踐基礎和課堂管理能力。

2. 運用靈活實用的教學方法，培養學生的創新精神和實踐能力

新型教育環境對會計教育提出新的要求，轉變教育思想、更新教育手段、探究新的課堂教學方法、提高會計教學質量勢在必行。要發揮質疑教學法對會計教育的重要作用，通過加強質疑教學推動會計專業學生的創新意識與創新能力提升，從而將會計教育與會計對象的經濟性、會計工作的管理性、會計職業的判斷性有機結合起來，形成完整的會計教育的邏輯體系。

（四）突出院校特色，改革和創新會計專業人才培養理念和模式

各個院校國際化會計人才培養模式也正走向特色發展之路，這也是適應地方經濟社會發展對個性化高級應用型人才需求的必然選擇。如廣東外語外貿大學會計學專業國際化人才培養的特色為「一個中心、兩個轉變、三個強化、四項工程、五項改革」。「一個中心」即以「固基礎、強外語、重實踐」為會計專業的培養中心，並賦予全球視野、跨文化交流、自主創業和持續發展能力培養的新內涵；「兩個轉變」即由傳統應試教育向全面素質教育轉變、由繼承式教育向創新型教育轉變；「三個強化」即強化全球事業和跨文化交際能力、強化創新創業能力、強化持

續發展能力;「四項工程」即名師培養工程、團隊建設工程、精品課程建設工程、實習基地建設工程;「五項改革」即改革教師培養和使用機制、改革人才培養模式、改革人才培養方案、改革課程教學內容、改革實踐教學。在此思路下該校通過加強英語基礎課程教學、建立國際會計創新班、與國外知名大學合作進行人才聯合培養、穩健推行三層實習計劃（專業技能實習、綜合模擬實習、校外實習）等形式，建成了一套完整可行的國際化課程體系，保證了人才培養的質量。

參考文獻

［1］郭化林，何乒乒.論會計國際化人才培養文化差異及其協調［J］.財會通訊，2011（12）.
［2］賀宏.國際化會計人才培養的中外比較［J］.教育與職業，2011（14）.
［3］李禹橋，黃穎莉.優化國際化會計人才培養及考核體系［J］.經濟師，2014（5）.

應用型本科國際化審計人才培養實踐探索

郭濤敏

一、培養國際化審計人才的意義

（一）培養國際化審計人才與執業環境相適應

隨著世界經濟一體化和資本市場全球化，審計在服務資本市場和優化經濟貿易秩序中發揮著越來越重要的作用。國內的外資、合資企業不斷增多，同時中國的跨國企業不斷湧現，對從事審計工作人員的素質要求也在不斷提高。提高中國審計人員的執業水平，使其適應當前國際形勢，培養國際化審計人才，已逐漸成為審計行業人才培養的重點目標。

（二）培養國際化審計人才滿足新審計準則的需求

新審計準則的實施使得社會對國際化審計人才的需求急遽增加。許多企業為了更好地與國外企業合作，提升國際競爭力，均已按照會計準則（IAS）和國際財務報告準則（IFRS）編製財務報表，財務報表的合法、公允與否需要具有高素質的國際化審計人才的鑒證。因此，國內審計人才必須迎接新的挑戰，接軌國際會計、審計準則。

二、應用型本科國際化審計人才培養的現狀

（一）缺乏自己的教學團隊

培養國際化審計人才離不開具有國際化審計思維的專業勝任能力的師資隊伍，

這要求教師不僅要具備較高的師德水準、系統的審計專業知識，還應有國際化審計經驗，更重要的是有頗高的外語水平。現階段，應用型本科能夠勝任雙語教學的教師並不多，具有國際審計經驗背景的更是微乎其微。同時，審計模擬實驗室的建設通常落後於會計模擬實驗室，精通審計軟件的教師可謂鳳毛麟角。

審計工作是一項實踐性非常強的工作，對執業經驗和職業判斷能力要求很高。應用型本科審計教師大多具有碩士或博士學歷，對審計專業理論知識掌握得很好。但多數教師限於畢業直接教學這一現實，缺乏實際工作經驗，在講授審計課程時思維比較局限，沒有建立起大審計的思維模式，針對重要的審計情形僅憑想像講授給學生，沒有參與國際、國內審計的實踐經驗，案例往往蒼白無力，教學效果並不理想。

（二）國內外會計、審計準則變化頻繁，教學滯後

當前會計、審計準則變更十分頻繁，國際準則日益趨同，成為全球公認會計、審計準則指日可待。從當前國內應用型本科辦學形勢來看，教材的使用更偏重於理論而非實踐，從而不能引起學生啓發式的學習。在會計、審計準則趨同日益白熱化的當下，即使出版既能適合國內應用型本科教學，又能深刻總結國際先進經驗的實踐教材，也會由於從編寫到出版耗時太久而缺乏時效性，難以與國際接軌。

（三）課堂教學重理論，輕實踐

審計是一門綜合性和實務性很強的學科，但在傳統的審計教學中理論講解較多。多數應用型本科在課程設置上仍沿用多年的慣例，創新較少，沒有開設培養審計實踐能力的課程，更沒有開設拓展國際視野與綜合業務素質的課程，介紹國外風土人情的基礎課程更是寥寥無幾；對國際、國內會計和審計準則學習的課程也不多，雙語課程有限，即使開設也是作為考查課並非納入考試範疇，導致學生不夠重視。再加上學生英語基礎原本有限，又缺乏國際會計知識，這使得學生學習熱情不高，無法培養國際化的審計大思維，直接影響到該專業學生的職業生涯。

（四）教學方式相對傳統

應用型本科在審計教學上，仍普遍沿用以「教師為中心」的教學方式。例如對熱點問題的探討，對經典案例的分析，雖已編入教材，但卻沒有具體的執行流程和完善的標準。教師通常根據教學經驗、結果、課時進度，自主安排，一旦教學時間不充裕就會刪減教學內容。多數教師授課仍以講授為主，教師在課堂上對知識點進行詳細講解，對相關專業書籍的閱讀沒有對學生進行硬性規定。學生只需要課下閱讀教材，完成作業就萬事大吉。這種被動的教學方式，對學生的引導

非常不利，最終導致學生知識面窄，眼界過淺，動手能力不強，自學能力不足，創新更是無從談起！

三、應用型本科國際化審計人才培養的路徑

（一）成立審計實踐教學團隊與雙語教學團隊

　　國際化審計人才的培養，離不開一支具備良好素質的教師隊伍。對從事審計教學的專職教師來說，應具備以下三個方面的素質：其一，精通最新的審計專業理論知識，對國內外會計、審計準則做到爛熟於心，並在某些會計審計學科方面具有較高的學術造詣；其二，具備會計審計行業的執業經驗，英語表達流暢自然，洞悉國內外執業環境，這些素質對國際化審計人才的培養是至關重要的；其三，教學能力強，參透教學規律以及學生的心理歷程，循序漸進，以靈活多變的方式去激發學生的學習興趣和調動學生的學習積極性。

（二）提高學生專業英語水平，使用國外原版教材

　　首先，精通一門外語是國際化審計人才最基本的素質，外語水平的提高對國際化人才培養至關重要。從國際化人才培養角度來看，外語雖不是萬能的，但外語水平低下卻是致命的。其次，我們應該清楚國際化人才並不等同於外語人才，並不是所有外語專業的人才都能成為國際化審計人才的潛在對象。事實上，應用型本科培養的應該是精通外語的國際化審計人員，即「通技術、精外語、能交流」。在此基礎上，盡量引用原版教材，對學生實施雙語教學也是一種趨勢。

（三）組織多樣化的校內實訓和社會實踐

　　（1）開展校內實訓。比如：①辨別票據的真偽；②識別各種貨幣的真偽，對常用的國際貨幣和匯率能熟練掌握；③掌握稅法知識，具備納稅籌劃能力；④掌握內部控制審計和五大審計循環。

　　（2）建立實習基地，增強社會實踐。當前，審計專業學生實習多集中在當地的會計師事務所，時間多集中在每年年末和下年年初。在實習崗位上，學生更能深入地理解會計、財務及審計工作的意義，深層次地領悟專業理論知識，對理論層面的會計、財務管理和會計審計實務操作技能昇華到實踐，同時觀察、分析、解決問題的能力得以提高。

　　（3）畢業實習。在學生畢業前夕，安排學生進行為期 8 周的畢業實習，感受真實的審計執業環境和操作流程，到實習崗位去檢驗從書本學到的會計審計理論

與模擬實訓的教學知識，最后對實習情況進行總結，提交實習報告。把理論與實際操作、實訓實習深度結合，將使學生的綜合能力和實踐能力更上一個新臺階。

（四）以學生為主，充分發揮學生的主觀能動性

在教學過程中，教師應該對教材中的重點、難點和專題框架進行深入挖掘，而非全盤介紹所有的知識點。學生要想真正掌握這些內容，首先要認真閱讀課本內容，其次要充分利用課下時間到圖書館或利用網路資源拓展自己的專業知識，閱讀教師指定的參考書目。同時，教師應向學生推薦國內外各種權威期刊，來拓寬其專業知識的層次和結構。

參考文獻

[1] 劉東輝. 國際化審計人才培養策略的探討 [J]. 教育探索, 2013 (4).
[2] 周廣秀. 應用型高校國際化審計人才培養路徑探索 [J]. 產業與科技論壇, 2015 (14).
[3] 崔瀾, 劉東輝, 孫玲. 國際化會計審計人才培養策略研究 [J]. 經濟師, 2015 (4).

會計人才培養途徑的國際化探索

楊國慶

一、國際化會計人才的內涵

在經濟全球化背景下，人才已不僅局限於一個國家或地區範圍內，而應是立足本國實際，但超越國家的範疇，具有國際視野，瞭解其他民族文化，能夠在國際施展才華，並運用自身的知識和能力，在激烈的國際競爭中立足的人。

國際化人才的內涵在不同的時代背景下具有不同的理解，不能簡單地將有國際留學經歷或有國際工作經驗的人等同於國際化人才。國際化人才是一種素質的表現，具體為：一是具有良好的語言溝通能力，能夠進行雙向交流；二是能夠認同不同的價值理念，適應各地的風俗習慣；三是具有寬廣的國際視野和強烈的創新意識；四是具有複合的知識能力和素質。

二、國際化會計人才應具有的素質

（一）良好的道德素質

作為高素質的會計人才，要思想覺悟高、法律意識強，具有強烈的責任心，對工作嚴謹認真、一絲不苟，要有較強的服務意識、積極與相關部門溝通的良好意識。會計人員必須不斷更新知識，提高業務素質，還應根據會計職業的要求，努力做到熱愛財會職業、忠於本職工作，實事求是、堅持原則、遵紀守法、開拓進取。

（二）精通會計知識和熟練操作技能

中國加入世界貿易組織（WTO）後，會計處理變得更加靈活和多樣化，加大了會計處理和選擇的難度。企業管理首先是財務管理，現金管理又是財務管理的

核心。企業的投資、融資、經營活動均會影響會計手中的現金流量。應如何處理現金流量？產品的知識含量越來越高，無形產品的比重也越來越大。人力資源是企業運作的根基，在企業，特別是在一些高新技術企業發揮著舉足輕重的作用。會計人才該怎樣對產品和資產的無形化進行確認、計量、記錄和報告？還有，會計可賴以持續發展的一大因素是環境因素，為了避免盲目的重複性投資和造成環境污染，該怎樣向管理者提供可行性環保報告和如何運用綠色會計理論對企業環境進行評估？以上這些問題都要求會計人才精通會計知識和熟練操作技能。

（三）紮實的外語基礎和嫻熟的計算機基礎

中國加入 WTO 后，國際貿易、國際投資和金融得到了迅速發展，國際經濟交往日益增加，經濟全球化使會計的規範領域超出國界，形成國際化趨勢。同時，眾多國際性會計師事務所相繼成立，國際會計公司和會計人員的介入，促進了會計人才的國際流動。中國的會計人才只有具有紮實的外語基礎，才能參與國際的交流。同時，計算機將進一步成為大多數企業會計操作的主要工具。網路的運用，將更進一步促進會計系統之間的協作和相互監控，提高了內部控制制度的工作效率，保證了會計信息的及時性和信息質量的可靠性；會計手段現代化使會計人員的工作強度大大降低，節約了大量的時間，可以使其把更多的精力放在組織管理、協調、職業判斷和參與決策等更需要關注的方面，使會計的功能範圍真正得到擴展。可見，嫻熟的計算機技術是會計人員必須具備的。

（四）寬闊的複合專業知識和較高的綜合素質

中國加入 WTO 后，中國知識產權保護與以世貿協議為代表的國際慣例已全面接軌，企業更加注重知識產權的開發、利用和保護。面對日益激烈的國際競爭，未來知識經濟時代，企業的發展將更加依靠知識、科技、人才智力、綜合素質等複合型人才。同時，加入 WTO 后，中國會計準則逐漸與國際接軌，特殊會計業務不斷湧現，要求會計人才去判斷並做出決定的問題越來越多。這就需要會計人才具有正確的判斷和敏銳的處理問題的能力，要求會計人員發揮創新能力，建立與之相應的會計方法。另外，中國經濟將逐步融匯到全球經濟中去，各國市場的變化與風險全部結合在一起，企業完全暴露在這個統一的大市場的各種不確定性和變動的風險之中。因此只有具有寬闊的複合專業知識和較高的綜合素質的會計人才，才能在面對這些變化、挑戰、不確定性和風險時，進行有效管理、控制與核算。

三、目前高校會計人才培養模式存在的問題

（一）培養目標不明確

目前，大多數本科院校對於會計人才的培養目標過於空泛，例如「培養全面發展的國際化會計專門人才」，由於缺乏具體的標準，這樣的目標難以得到具體的執行。會計人才培養有不同的層次，從本科會計教育到碩士、博士的培養，各層次的目標並不一樣。即使是在本科層次的會計教育中，是培養會計專才還是通才，是重理論還是重實踐，都是有區別的。

但在很多高校的會計專業培養目標中並沒有對這些細節進行具體規定。這種空泛的培養目標，常導致學生在畢業後眼高手低，應用能力差。

（二）課程體系設置不合理

目前，高校會計專業的課程體系存在一定缺陷。首先，在課程設置方面，涉及國際化的課程不屬於必修課的範圍，而且學時較少。這就導致教師難以在有限的課時內對國際化的內容進行詳細的介紹。而核心課程往往是以國內企業的業務實例為主，很少涉及國際業務。其次，缺乏非會計類的經貿管理類課程，像國際經濟貿易、國際商務談判、國際金融、跨國公司管理等與國際經貿密切相關的非會計課程並未被納入課程體系。這樣的課程體系對應的知識結構不符合目前社會上對通曉國際會計理論與實務會計人員的要求。這樣的課程體系設置導致學生缺乏對國際業務的瞭解，難以具備國際化的視野。

（三）忽視能力教育

與其他大部分學科不同，會計的操作性非常強。目前各高校會計專業教育儘管都很注重對專業知識的講解，卻往往輕視學生的實踐應用能力。雖然不少高校的會計專業會開設一兩門實踐操作類課程，但實踐課程注重考核帳務處理的規範性和正確性，一般只要求學生掌握會計基本操作技能，與實務中的操作往往有較大差距。此外，現有教育模式也忽視了對學生分析能力的培養。由於經濟環境的日益複雜，經濟業務往往不會像教科書上的示例那樣簡單和規範，這就需要會計人員具有較強的專業分析能力，需要會計人員即使面對不熟悉的業務，也能根據基本準則做出正確的分析判斷。但現有培養模式側重結果而非過程，忽視了對學生自主學習及分析能力的培養。

四、全球化的時代要求——國際化會計人才培養途徑

今天，社會經濟快速發展，人類社會已從工業社會向知識社會邁進，由現代社會向全球社會轉型，經濟全球化帶來了貿易、投資、金融和技術跨國界流動。這種流動以驚人的交易量和影響力，將世界各國有意無意地納入經濟一體化的進程中，使人類群體與文化之間發生著前所未有的交流和融合。「催生出一個全新的社會形態，重塑我們的生活方式」滲透在經濟、政治、文化、社會生活乃至國際關係等各個領域，形成了一個具有多維性的系統整體。全球化作為一種歷史趨勢和歷史事實已經成為強勢的語境，它是今天我們認識、觀察、分析各類問題不可迴避的背景，也是我們解決問題的一個視角。

高等院校作為人才培養的重要場所，其教育必須面向國際，培養出有廣闊視野、具有參與國際競爭能力的管理人才。會計人才教育必須面向國際，因此，會計教育必須對此做出正確的反應，明確人才培養目標，探索一條有效的培養途徑。

(一) 樹立多元化文化理念，實現跨文化融合

會計是一門具有雙重屬性的學科，既具有技術性，又具有社會性。會計的根本目標是為相關的信息使用者提供有用的會計信息，而信息的獲取與文化環境是緊密關聯的。每一種文化中的會計都會依賴於環境，文化是在社會結構中聯接個體的一種適應性的規則機制，一個國家的文化環境是會計制度形成的重要決定因素，對會計理論與會計方法的選擇、會計模式的形成，各種會計現象的認識和解釋，會計實務的發展方向等，都發揮著至關重要的作用。

經濟全球化一方面促使同質化，但另一方面也促使社會向異質社會轉化；全球化不是文化的趨同化，而是一種跨文化對話和交流的機制，各種文化在為別的文化的存在和發展提供新的因素的同時，也為改善和提升自身的生態奠定了生機。從宏觀比較的角度看，東西方會計文化的發展都曾展現過耀眼的光芒。因此，樹立文化多樣性理念，提倡各種文化通過平等交流而認同並維繫人類共同的基本文化價值，鼓勵多元文化之間的互補性提升，是全球化時代文化創新的必由之路。

國際化會計人才的培養要求教育者要勇於對學生進行異質文化理解教育，勇於建立起多元文化「深刻對話」的理念和機制，這樣才能使會計人才的心靈世界向人類的全部優秀文化打開，從源頭上激活會計創新人才的培養。

(二) 改革人才培養模式，更新教學內容，改進教學方法

今天，經濟全球化要求各國會計事務處理方法的標準和規範在一定程度上趨

同，盡可能地減少會計標準的差異，從而產生一套科學有效的會計準則，協調各國會計實務，實現不同國家和地區會計信息的可比性，為全球經貿往來和資本流動減少消除「語言」上的障礙。我們的會計教育與管理實踐發展相比，存在一定的距離，教學內容不能適應企業國際化發展的需要，跟發達國家比有相當的差距。中國在加入 WTO 後，面臨不斷創新的公司業務、種類繁多的管理項目、日益激烈的企業競爭、隱蔽性更強的營運風險，要想培養出優秀的會計人才，就必須利用國際教育資源，根據國際化發展需要來更新教學內容，構建新的教學計劃，改善人才的知識結構以及其思維方式，要更多地學習國際經濟與社會的知識，增加經濟全球化大背景的知識，開闊視野、拓寬思維，站在世界看中國，站在中國看世界，解決好教學內容與國際接軌的問題，培養造就一批能與國際接軌，既懂國際管理、國際慣例，又懂相關法律，並能熟練運用外語和掌握計算機技術的管理人才。目前，國內很多大學已嘗試通過 ACCA（英國特許公認會計師工會）、CGA（加拿大註冊會計師協會）的引進、嫁接來探索國際化會計人才的培養途徑，借鑑各國會計人才的教育經驗和教訓，學習其成熟的經驗，培養出既熟悉國際慣例又精通國際業務的管理人才。但更重要的是通過這些項目既要實現會計教育國際化，也要實現中國化，這樣才能實現真正的融合。

（三）將學業教育與職業教育相結合，注重會計倫理教育與實踐教育

人才培養是高等院校工作的核心問題，多年來，我們通常把人才培養的過程建構為一種理性、邏輯性和線性化的過程，忽略了對學生的職業能力和終身學習能力的關注。會計教育具有職業性、社會性和實踐性的特點，會計職業這一社會角色的倫理要求有其特殊的內在規定性。今天，全球化帶來的商業倫理環境已發生變化，理解這些變化和轉變已成為會計界義不容辭的責任，西方國家的很多學者要求在修訂會計職業行為規則時確認新的道德行為水平。儘管會計規則或準則在一定程度上保證了會計信息的客觀性、真實性，但會計信息的質量並不盡如人意。現實社會中，企業管理層因獲取報酬、籌資、達到其預期等目的而提供誤導性信息，會計師事務所為了實現自身的經濟利益，不正確行使「經濟警察」職能等。學者們認為要從倫理角度對會計行為及其設計的基本原則進行深入的分析和解釋，要從倫理的角度思考如何去規範會計行為，並形成一系列職業道德規範。因此，注重會計倫理教育是今天全球化時代背景下的一種必然要求。另外，實踐經驗對會計人員非常重要，眾所周知，會計是越老越吃香。因此，高校會計專業教學中應加強實踐教學，不僅要加強校內實驗教學，更要加強校外的實習教學，使學生具備一定的實踐能力，真正將學業教育與職業教育結合起來。

總之，全球化的浪潮使會計環境發生了巨大的變化，會計作為國際通用的商

業語言，在經濟全球化過程中自然扮演著越來越重要的角色。經濟全球化的一個重要標誌就是經濟規則的一致性。會計國際化已是一種必然，在全球化的語境下，會計部門的角色發生了變化，越來越多的企業已將財會團隊視為合作夥伴，會計職業領域已從傳統的以記帳、算帳、報帳為主，拓展到內部控制、投融資決策、企業併購、價值管理、戰略規劃、公司治理、會計信息化等高端管理領域。這些對依存於社會環境的會計理論和實踐產生全面的、深刻的衝擊，進而對會計教育產生了深刻的影響。高等院校只有順應時代的要求，不斷改革和創新，探索人才培養的新途徑，才能完成時代賦予我們教育事業的歷史使命。

參考文獻

[1] 劉瑾. 試論會計國際化背景下的本科會計教育 [J]. 財會通訊，2010（10）.
[2] 張倩. 國際化卓越會計人才培養定位及模式研究 [J]. 實驗室研究與探索，2014（11）.
[3] 張林. 國際化會計人才培養模式探析 [J]. 商業經濟，2011（6）.
[4] 杜劍. 國際化會計人才培養模式研究 [J]. 新西部：理論版，2011（3）.

獨立學院國際化辦學淺探

楊　欣

　　獨立學院作為中國高等教育制度的一種創新模式，是在社會和地方經濟對人才需求高速增長以及高等教育發生結構性困難的形勢下產生的。十餘年來，獨立學院依託「名校資源、機制靈活」等特點，已初步形成了基於地方經濟、培養應用型人才的辦學模式。2008年4月1日，為規範獨立學院設置與管理，教育部正式實施第26號令。文件明確了獨立學院是中國民辦高等教育的重要組成部分，即民辦的性質。這意味著，獨立學院將逐步脫離母體高校，其生存與發展將完全接受市場經濟的考驗。然而，獨立學院經歷十餘年發展，存在的主要問題集中在辦學資產、教師隊伍依賴母體高校，且人才培養方案也與母體類同。在教育市場經濟競爭中，獨立學院若無法實現創新發展、特色發展，提供高質量且個性化的教育資源，將面臨生存或死亡的抉擇。

一、國際化辦學，獨立學院發展方向之一

　　經濟全球化的迅猛發展，使得人力資源和物質資源在世界範圍內的跨國、跨地區流動成為新常態。這種資源的流動已經滲透到教育領域：教育要素自發在國際流動，教育資源自發尋求優化配置，世界各國間的教育交流日益頻繁，競爭更加激烈，形成了教育國際化的大趨勢。

　　教育國際化既是經濟全球化的必然產物，也是各國政府教育戰略的重要目標。因此，教育國際化的本質，歸根到底就是在經濟全球化、貿易自由化的大背景下，各國都想充分利用「國內」和「國際」兩個教育市場，優化配置本國的教育資源和要素，搶占世界教育的制高點，培養出在國際上有競爭力的高素質人才，為本國的國家利益服務。

　　從中國高等教育發展規律看，中國高等教育已經從精英教育過渡到大眾化教育階段。獨立學院正是大眾化高等教育的典型代表。首先是人才培養目標差異化，

從培養研究型人才轉向培養應用型人才；其次是人才培養市場化，培養的人才要符合經濟建設和社會發展需求；最後是人才培養個性化，每個學生充分瞭解並發揮自己獨特的才華，人才培養更注重因材施教。

教育國際化正是順應了高等教育的發展規律，並符合獨立學院轉型發展的需求。教育國際化作為高等教育人才培養模式的外來補充力量，其人才培養的差異化體現在，獨立學院可根據自身條件，引入國外同類應用型或職業型大學優質教育資源來制定培養目標，培養國際化的應用型人才；其市場性體現在，所培養的人才能參與國際人才市場競爭；其個性化體現在，學生個體擁有更多機會利用國外教育資源，選擇適合自己的發展模式。

二、獨立學院初期國際化辦學存在的問題

(一) 生源差異化

由於城鄉教育資源分佈、師資配置的不均衡，城鄉學生的英語水平，不論是口語水平還是綜合能力都出現了嚴重的不均衡發展。農村多數學生是偏科型，尤其是外語水平不高。這些學生不僅英語綜合能力差，而且其口語、聽力等水平都亟待提高。這會影響其在大學期間英語學習的主動性、積極性和自信心。在與國外大學合作過程中這一缺陷尤為突出。這使得他們到歐美發達國家的大學進行交流顯得力不從心。而且外語好的女生占多數，但是傳統的觀念使得女生有勇氣出國學習的不多。這一方面是學生沒有自信，另一方面，高昂的學費也讓學生卻步。

(二) 經濟條件的差距

國際化合作培養，既有交換，也有「2+2」模式等種種合作模式。去歐美發達國家畢竟還是需要家庭經濟條件的支持，而生源中很多家庭經濟條件好的學生都直接出國了，不會選擇獨立學院。所以獨立學院的思路主張以日韓為主，以歐美為輔。學生去日韓的費用相對歐美要低一些，而且日韓在國內的公司企業多，可為就業提供更多選擇。

(三) 國際化項目冷熱不均

費用低廉的合作項目報名人數就多，反之費用高昂的項目無人問津。一些酒店導遊類專業與新加坡、阿聯酋的合作辦學因為允許打工而備受學生歡迎。而要獨立承受各種費用的項目就不受歡迎。但是日本、韓國的高校眾多，自身生源不足，費用相對歐美發達國家低，所以存在更廣泛的合作空間。另外歐美的西班牙、

義大利可能也是未來國際化合作比較合適的國家。

（四）國際化合作模式的不確定性

國際化合作取決於生源及生源的家庭條件、學生個人的勇氣和認知高度，也與合作院校及其所屬地的經濟與政治環境相關，所以各種國際化合作都存在合作模式的不確定性。在這樣的背景下，各種仲介機構就會介入獨立學院的國際化人才培養過程中。這又進一步加大了獨立學院國際化人才培養的不確定性。

三、獨立學院國際化辦學方式選擇及前景展望

（一）設立中外合作辦學機構，共建實驗室和創新中心

外國許多高校青睞於與民辦高校進行合作辦學。根據對《2010中國大學評價研究報告》和《2010民辦高校排行榜》的分析表明，在辦學質量和社會效益上排行前100名的學校中，85%的民辦高校能主動尋求國際教育資源並加以充分利用，以升級自身辦學質量和規模。研究報告結果還表明，民辦高校之所以能夠吸引外國優秀大學成功進行合作，一方面是由於外國人對民辦高校沒有偏見，合作的目的是使優秀教育資源利用最大化；另一方面是因為與民辦高校合作靈活性大、執行力強，無過多行政干擾，合作雙方都能夠把時間和精力放在提高合作質量上。這兩點也為獨立院校進行國際合作提供了有利條件。

（二）重視國際化指標體系

從高層到大學校長，越來越重視大學國際化指標體系。這其中尤為重視三大排名、ESI（Essential Science Indicators）排名、工程教育國際認證等指標。作為民辦高校的獨立學院辦學以市場需求為向導，注重教育的投入與產出。獨立學院在與母體脫離後，具有「自主產權、管理決策、機構設置、辦學特色」等優勢。因此，與公辦高校相比，獨立學院能夠更靈活地根據市場發展需要進行創新教育改革，落到實處就是在專業設置、課程體系、培養方式的調整上靈活性強。這個優勢是其自身生存發展所需，更是實施國際化所必備的要求。獨立學院在轉型發展過程中，應利用自身優勢，有效配置國外優質教育資源，適當調整原先與母體類似的專業結構，將原有的傳統專業轉型發展成面向市場的新專業，以實現專業設置、課程體系和培養方式的特色化、國際化，培養面向地方經濟和社會發展的國際化應用型人才。

（三）招收國際人才和國際學生

　　一些先進辦學理念以及先進國家教育人才的引進，可以更長遠地幫助學校提升教育質量，不僅包括高等教育，也包括基礎教育，如中、小學校，甚至幼兒園。如果在中國的大學就可以把學生培養成具有國際視野的人才——具備良好的外語能力、國際溝通協作能力、跨文化理解能力，這對他們將來在國內工作也好，到國外發展也好，都是一個很好的基礎。現今獨立學院在國際辦學上，大多數採用「2+2」等模式，將中國學生輸送到國外。對於更注重應用型培養的獨立學院來說，具有更強的操作能力，依託當今中國廣闊的就業市場，是否能夠吸引更多的外國學生作為交換生到中國來學習？2014年年初，習近平總書記發表「支持出國，努力回國，來去自由，發揮作用」十六字方針。2014年年底召開全國留學工作會議，習近平對留學工作做了重要批示。這次會議首次提出「出國留學與來華留學並舉，充分利用國內與國際兩種資源」。任何交流只有是雙向的、互利的，才有生命力，教育國際化也是如此。一方面，我們鼓勵中國的學生走出去，也歡迎國外在中國合作辦學。現在有很多國際化的教育機構，如中學裡的國際班、國際部，中外合作辦學機構等。另一方面，我們還要吸引更多外國留學生到中國來留學，而且不僅讓他們學語言，還要吸引他們攻讀學位。

四、結語

　　獨立學院國際化辦學，已經是箭在弦上，既是機遇也是挑戰。在中國大學國際化趨勢日益明顯的同時，中國大學國際化也出現了一些「饑不擇食」的情況。一些大學盲目追求國際化，忽視對優質高等教育資源的甄別，引進一些垃圾學校；一些學校則片面追求經濟效益，把中外合作辦學當作搖錢樹。

　　獨立學院國際化辦學還處在起步的階段，會走彎路，但整體的發展前景是美好的、正確的。開放性更強、靈活性更高的獨立學院，與其他民辦高校相比，可借助母體高校已有的優質國際交流與合作資源，並利用自身「辦學理念新、機制靈活」的優勢，吸引國外優質教育資源，拓展與自身辦學特色相匹配的交流與合作項目，真正做到「走出去、引進來」，在教育國際化的大趨勢下，爭得自己的一席之地。

參考文獻

[1] 鐘秉林. 教育國際化趨勢不可逆轉 中國高校的機遇在哪裡？[EB/OL]. [2015-03-16]. ht-

tp：//learning. sohu. com/20150316/n409845511. shtml.

［2］沈小蓮. 獨立學院教育國際化的發展趨勢分析［EB/OL］.［2012－02－15］. http：//www. xzbu. com/5/view－1241437. htm.

［3］皮芳. 三本獨立學院國際化人才培養模式探索研究［J］. 科教導刊，2014（22）.

［4］哈佛松鼠. 2016年中國大學新趨勢：國際化受追捧［EB/OL］.［2016－03－28］. http：//blog. sina. com. cn/s/blog_ 71d779f10102w7if. html.

國際化會計人才的培養模式探析

吳青玥

經濟全球化不僅使越來越多的國際公司走入中國，而且隨著中國文化、經濟發展水平在世界上的地位的不斷提高，越來越多的中國企業正走向世界。中國要參與國際市場的激烈競爭，必須擁有大量的國際化人才，這就對中國高校現行的人才素質培養提出了更新更高的要求。目前，會計從業人員中，普通的財務人員供大於求，已經呈現出疲軟的態勢；而高層次的，尤其是素質比較全面，既熟悉國際市場規則，又懂國內法律法規的會計人才嚴重不足。因此，培養更多與國際接軌、熟練掌握國際財會界規則的國際化會計人才迫在眉睫。高等院校作為人才培養的基地，應該加強對國際化人才培養模式的研究。為了滿足會計人才的應用外向型需求，國內高校積極開展會計教育國際化，目前已有40所著名高校對會計專業本科生的培養引進類似國外職業會計師體系，實行會計專業主幹課程的雙語教學。同時其他高校也隨著會計專業人才市場需求的改變，開設了諸如國際會計、ACCA等熱門專業。這無疑是個巨大的、有益的改革，通過教育實踐、反饋再改革，達到中西融合適應本土的目的。

一、國際化會計人才需具備的素質要求

首先，國際化會計人才需要具備合理的知識結構。國際化會計人才不僅需要具備嫻熟的專業知識，還需要擁有國際專業視野，熟知國際會計準則，瞭解國外市場運作規則和相關法律法規，掌握最新行業知識，始終站在專業、行業的前沿。

其次，國際化會計人才需要具備較強的分析、解決問題的能力。國際化會計人才應努力做到思維清晰，具有較強的邏輯能力，並能夠從錯綜複雜的各種信息中找到聯繫進行歸納分析，從而有效監督企業經濟運行並解決各類財務問題。

再次，國際化會計人才需要具備良好的英語溝通能力。國際化會計人才應該掌握專業、精準的財務英語以及熟練的英語溝通技巧，能夠從容面對國際化競爭。

最后，國際化人才需要具備良好的道德素質。國際化人才應該具有較高的思想覺悟，較強的法律意識和責任心，對工作嚴謹認真、一絲不苟，並且應該具有較強的服務意識。

二、國際化會計人才培養的現狀

國際認證，是學歷與職業資格的雙重保證。中國大多高校在培養會計人才時往往注重的是學歷教育；而部分高校則雙管齊下，開設了類似於英國註冊會計師的相關課程，改變了傳統的教育模式，在加強學歷教育的同時培養學生的國際執業資格。受教育者通過這種教育模式可以累積理論與實踐經驗，豐富其會計專業的學識，有助於其日後就業。現下，中國多所高校（上海財經大學、南京財經大學）都開始注重在會計教育上與國際接軌，不僅開設了國外職業資格考試，還與國外高校合作聯合教學。

聯合教學，是指採取與國外高校加強合作的方式，使學生在取得國內外高校學位認證的同時，掌握豐富的會計知識。

三、國際化會計人才培養存在的問題

1. 過分注重會計知識的灌輸，並沒有分析中外經濟文化存在的差異

會計學具有其特殊性。其一，會計需要技術的支撐，就業人員需要通過數據與資料來對經濟事件產生客觀理智的判斷與分析。其二，會計工作的正常進行，需要與法律、文化、社交進行緊密結合。因此文化、經濟的差異性會對會計教學產生不同程度的影響，在教學過程中必須對不同國家、不同地區的會計學加以區分，這樣才能促進學術知識的融合。較為常見的現象有以下幾種：一是專業課教學未對教學內容進行區分。教師在敘述案例時引入的都是發生國的經濟發展現狀，涉及的也是當地的人文與社會背景，並沒有從中國的社會背景入手加以區分，拓展學生的知識範圍。二是過分依賴於教程的要求，忽視了國內會計學的學術知識。很多高校在開設有關課程、教授準則時都未按照國家的不同進行差異化教學，中國傳統的教學手段與西方也存在著較大的區別，使得會計教學陷入一種尷尬的局面。

2. 並未深入瞭解國際化、職業化會計教育的本質及客觀規律

中國部分院校以與國際化、職業化接軌為目的，對人才進行針對性的定位培

養，在此基礎上對原有的專業課程進行重設，並改變了教學培養的方案、課程結構與實踐教學方式等多個方面。但是諸多高校卻將考取國際會計資格證書作為人才考核的標準，在課程教授時也圍繞著此目標，忽視了國際化、職業化教學的本質，沒有注重學生理論知識的培養與學習方式的傳授，與傳統的「應試教育」其實並無區別，使得學生不具有創新思維與自我學習的技能。

3. 缺少國際化教學師資力量

目前高校在教師啟用上仍然選用了國內教師，國際化、職業化會計人才的培養不能缺少具有國際化應用性教育理念的教師，只有這樣才能深入發掘教育的內涵，突破原有的教學模式。

4. 高校教育的知識結構與能力框架不適應國際化的需求

課程體系方面，中國會計本科課程內容及課程的設置過於狹窄、陳舊，過於關注技術規則及職業考試。會計課程未能及時適應會計行業變化的需求，未能適應會計人員能力變化的需求。這主要體現在會計專業課程設置和會計專業教材結構不合理。教與學的方法方面，會計教學過於強調課堂講授和記憶，遵循教師「念經（會計準則）」學生「背經」的教學模式。教學過程過於依賴課本，以教師為中心，使學生缺乏創造性的學習。

5. 學校教育重視傳授知識忽視培養能力

在很多學校的會計系或者是會計學院，學生普遍都比較沉悶。會計學院的學生，幾乎都是學校成績出色的學生，可是當舉行社團活動或是演講時，他們往往是最「沉靜」的。不少新的畢業生包括名校的高材生一開始連支票都不會開，這已是習以為常的事情。會計工作當中使用的知識實際上只有15%是在大學課堂上學習來的，剩下的大部分是從實踐中學來和自學的。不善於交流和實踐能力差，幾乎是多數大學畢業生的通病，而這些學生的考試成績卻往往是異常優秀的。

四、國際化會計人才培養的建議

1. 改革課程體系

會計教育的國際化要求會計課程進行改革。改革辦法一是增加國際會計課程和國際會計準則方面的課程，二是整合現有的會計課程體系。高校的會計教育擔負著傳播知識、培養人才的重要任務。因此，將國際會計準則的一些新知識、新理念適時地引入教學中，並使之與中國會計準則有機地結合起來，是中國高校長期面臨的一個重大課題。

2. 革新教學方式

要變「以教師為中心」為「以學生為中心」，從「傳授知識」轉變為「培養能力」，讓學生逐漸養成自我學習與不斷更新知識的習慣和能力。要不斷充實會計和相關專業的知識，採用案例教學等著重培養學生的動手能力，提高其實踐技能，完善教學方式，加強個人技能、人際和溝通技能教育，使會計專業畢業生具備更高層次的通才技能，全面滿足社會進步對會計專業人員的要求。

3. 教學內容

首先，要加強教材內容的時代性。高校應根據國內學科建設發展的最新成果及時進行教材內容調整，加快教材的更新換代。其次，要加強教材內容的實用性。高校教師在編寫教材時應充分考慮社會上與會計人員相關的各種考試，比如會計從業資格考試、全國會計專業技術資格考試（職稱考試）、中國註冊會計師考試（CPA）以及ACCA等國外註冊會計師考試，力爭幫助學生順利通過考試，為畢業時找工作增加自身價值。最后，要加強教材內容的國際性。教材內容應積極向國際會計準則靠攏，部分課程還可直接選用英文原版教材並爭取用雙語授課，從而提高學生的英語水平。

4. 教學方式

教學方式的改革應以國際化會計人才需要具備的素質要求為目標，創造出一種新的適應國際化需求的教學方式。這種新的教學方式應該注重加強課堂上的師生互動性，將學生擺在主體位置，教師主要起引導作用。其目的是培養學生的學習主動性和積極性，提高學生的分析能力和創新能力，為將來成為國際化會計人才打下堅實的基礎。

5. 加強師資隊伍

高等院校必須加強會計專業師資隊伍建設，逐步形成一批高素質的、能夠適應國際化會計人才培養要求的教師隊伍。①擴展教師的選聘標準，可以引進實踐經驗豐富的高級會計師、註冊會計師等擔任會計教學工作。同時，高等院校應適時選派教師到會計工作第一線進行實踐鍛煉，並參加相應的專業技術資格考試，取得相應資格證書，不斷提高教師的理論水平和實踐能力。②優化教師的考核標準。③加強企業與高校教師開發涉及企業所面臨的實際問題的橫向課題，如企業業務流程的設計、內部控制的設計、財務管理流程的設計、信息系統的設計等。這些內容不僅涉及會計類或管理類知識，而且涉及各種相關專業技術知識。這是培養高校教師實踐能力和職業判斷能力的最好方式。

6. 培訓優秀在職會計人才，使他們成為國際化會計人才

首先，要科學選拔基礎好、有潛力的優秀在職會計人才作為培訓對象。國際化會計人才是會計行業的領軍人才，因此選拔培訓對象要立足高起點，並以公開、

公平、公正為原則,從全國在職的高層次會計人員、註冊會計師、會計理論工作者中,挑選誠實守信、年富力強、潛力較大的人員進行培訓。其次,要制訂科學的培訓方案,對選拔出來的優秀在職會計人才進行培訓。培訓的重點應放在能力的培養上,並應採用集中培訓與在職學習相結合、課堂教學與應用研究相結合的培訓方式,從而實現全面培養和提升培訓對象綜合素質的目的。

  國際化教育是一個系統工程,單一的教學改革不能促成真正的國際化,要包括培養目標、課程體系、教學管理、學生工作、師資與科研等諸多方面在內的國際化。教育國際化的目的是培養國際化的中國人,而不是中國人的國際化,要堅持為我所用、以我為主,要將中國的實際融入國際化過程中。

參考文獻

[1] 馬德芳. 中外合作辦學會計學專業課程設置改革設想 [J]. 決策探索, 2011 (7).
[2] 陳旭, 劉志杰. 高校教師國際化問題研究 [J]. 江漢大學學報:社會科學版, 2011 (8).
[3] 潘熠雙. 高校會計學專業培養目標差異性研究兼論地方院校會計專業特色發展 [J]. 會計之友, 2010 (3).
[4] 李吉吉. 會計人才培養面臨的困擾 [N]. 財會信報, 2010-01-11.
[5] 馬德芳. 中外合作辦學會計學專業課程設置改革設想 [J]. 決策探索, 2011 (7).

大學生國際化視野培養研究

李 蘭

國際視野是當前使用較為廣泛的一個詞語，也稱為全球視野、國際意識等。它是指人們能從世界的高度瞭解世界歷史和當今國際社會，評價本國地位和作用，認識自己的權利和義務，並在國際交往中有恰當的行為與態度。它是一個人在全球化背景下具有的意識、知識、能力的綜合體現。在全球競爭日趨激烈、世界合作日趨緊密的今天，國家的發展尤其需要更多的具有國際視野的高素質人才。當代大學生是國際人才的主體，是祖國的未來和民族的希望。大學生是否具有國際視野對於國家的發展尤為重要。

一、中國大學生國際化視野現狀

首先，中國大學生國際視野知識水平較低，對政治制度、經濟模式、文化類型、法律形態等方面的瞭解都不夠全面。其次，中國大學生全球公民意識較弱，很多大學生對何為全球公民意識都不能夠很清楚地表達出來。全球公民意識中最核心的要素乃是個人的行為與責任要能夠放到全球範圍中思考，而大學生缺乏這方面的意識。最后，中國大學生的全球化理解能力和交往能力較差。

二、中國大學生國際化視野培養問題

中國普通高校在本科生國際化素質培養中存在的問題，主要表現在培養目標、課程設置、交流合作和師資幾個方面。

（一）培養目標問題

人才培養目標的國際化定位是培養大學生國際化素質的重要基礎。從目前中

國普通大學對本科生培養目標的定位來看，雖然部分學校有培養國際化人才的意願，但既不明確也不全面。

造成這一狀況的原因主要有兩點：一是政策導向的影響。在中國，高等教育培養目標的設立一直以來是比較保守的。培養目標主要是以黨的教育方針和中國特色社會主義教育的目的為導向。二是中國高校的教學計劃基本上是按專業的要求來考慮培養目標的設定，所以人才培養的口徑與專業的口徑一樣，顯得非常狹窄。

(二) 課程設置問題

1. 對國際化課程理解不夠、實施形式單一

世界經濟合作與發展組織（OECD）通過對荷、澳、法、德、丹麥、日六個國家的高等教育國際化狀況的研究，歸納出了9種國際化課程的類型：①具有國際學科特點的課程（如國際關係、歐洲法律等）；②傳統學科領域的課程通過國際比較與借鑑得以延伸和擴大（如國際比較教育等）；③培養學生從事國際職業的課程(如國際商務、國際管理、國際財務等)；④外語教學中的跨文化交流與外事技能課程；⑤外國某一或某幾個區域研究課程；⑥旨在培養學生獲得國際專業資格的課程；⑦跨國授予的學位課程或雙學位課程；⑧由海外教師講授的課程；⑨專門為海外學生設計的課程。中國普通高校在對本科生的教育中，雖然開設了具有國際意義的一般課程，但是對國際化課程的理解比較膚淺，缺乏一種整體課程國際化的觀念，沒有認識到它強調的是要將一種國際化的意識和跨文化的觀點整合在整個課程中。實施的方式也較單一，通常為開設公共英語課或與國際內容相關、以「世界」「國際」「外國」等名稱命名的科目。由於國際化課程的設置還處於分散不均的狀態，只能使學生粗略地、分散地學到一些有關國際性的知識，沒有透澈、深入地瞭解相關專業的國際性知識，很容易使國際化課程學習流於形式。

2. 雙語教學問題較多

「雙語課程」因其「原版教材、雙語教學」等國際化的特徵已成為提升高校學生國際化素質能力的最佳載體之一。2001年，教育部第4號文件《關於加強高等學校本科教學工作提高教學質量的若干意見》中明確要求本科教育要盡量創造條件引進國外原版教材，使用英語等其他外語進行公共課和專業課教學，培養高素質複合型大學生。2004年教育部下發了《普通高等學校本科教學工作水平評估方案（試行）》后，高校雙語教學狀況被列為教育部本科教學工作水平評估指標體系的主要考察點之一。2004年12月，教育部又下發了《關於本科教育進一步推進雙語教學工作的若干意見》要求：各高校應根據本校的實際制定雙語教學課程建設規劃，通過立項的方式積極加強雙語課程和教材建設；教育部也將通過立項的

方式對各高校雙語教學建設予以資助。目前，中國大部分本科高校都推出了雙語教學課程，但是在開展的過程中普遍表現出雙語課程的教學目標定位較高、雙語課程數量偏少、開設雙語課程的專業範圍窄、缺乏合適教材、實施效果不理想、師資短缺、雙語課程管理無系統性、雙語課程層次不高等問題。

3. 存在語種上的盲點

其他語種雖然不像英語那樣用途廣泛，但可以開拓學生的國際視野，幫助他們瞭解非英語國家的發展情況、風土民情、法規法則，提升他們未來在國際、國內市場中的就業競爭力。而目前普通高校普遍存在外語課程語種單一的狀況，對一些非英語語言課程缺少相應的設置，還有不少語種的「盲點」。

(三) 合作交流的問題

高校國際交流合作的方式和途徑多種多樣，主要包括師生互換、聯合辦學、學術交流、合作研究、境外辦學、國際教育資源的互補和援助等。但目前普通高校在對外交流合作中基本側重於人員的流動，如校際交換生、聯合培養等，涉及科研合作的項目極少。很多學校還沒有能力舉辦一些具有國際性影響力的學術會議或請來國外知名專家，境外辦學則以孔子學院為主。從整體情況上看，普通高校與國外的交流合作還處於初級階段，與重點知名大學相比，學術氛圍不夠活躍，在交流內容和形式上有待拓展，在合作層次上有待提高。

(四) 師資的問題

首先，高校教師中真正具有良好的國際交流能力的人較少。一方面，世界上的科研成果資料、學術論文絕大部分是用英語發表的，絕大部分的國際會議也是以英語為第一通用語言，而中國高校教師受外語水平的限制，無法及時與國外同行進行交流，獲得最新信息和第一手資料。另一方面，遊學海外、參加各種國際學術會議，或跨出國門進行教學和研究合作是提升教師個人國際交流能力的最佳方式，但能獲得這種寶貴機會的高校教師人數仍然很少，所以他們缺乏國際性的接觸經驗，缺少對異域文化的直接體驗，從而限制了教師參與國際交流的能力。其次，具有國際教育背景和海外研修經歷的教師所占的比例小。再次，缺乏專業的實施國際化課程的專任教師隊伍。雖然各高校都開設了具有國際意義的一般課程和專業課程，但到目前為止，尚未制定國際化課程教師資格認證制度和教學評價標準，從而影響教學質量，無法達到培養學生國際意識、增強學生國際理解能力等教育目標。最後，外籍教師較少，達不到國際化師資要求。現有的外籍教師大多數以語言教學為主，以專業教學為主的外籍教師較少。而且各高校外教主要來自於美國、加拿大、澳大利亞等英語國家，或來自於日、韓、新加坡等鄰近國

家，來自其他國家和地區的外教很少。這與大學的語言教學需求有著密切的關係，但不利於開闊學習視野。為了使大學生不出國門就能更好地認識世界、學習外語，廣泛的外籍教師資源是不可缺少的。

三、中國大學生國際化視野培養策略

基於中國大學生的國際化視野現狀，結合中國現在的大學生培養模式，在大學生國際化視野培養方面提出以下策略：

（一）開設全球化課程

借鑑一流大學的經驗做法，一方面，設立專門的區域研究機構（類似於伯克利加州大學的各個區域研究中心、首爾大學的國際研究大學院等），給予充分的人、財、物的支持。另一方面，在各個區域研究機構日常的深度學術研究的基礎上，開設相應課程講座（如美國學、日本學、歐洲史等），吸納本科生、研究生進行修讀。

（二）將國際化納入日常生活

大學生在大學期間最重要的就讀經歷，不僅僅是課堂、學術的經歷，而且包括課外、社交的經歷，后者既貼近於生活，又滲透於細微。因此，國際化活動的觸角應從課堂擴展至課外，從學術交往延伸至日常社交。所以，像班級旅遊、團隊活動、學校社團、學校俱樂部、社區服務等課外活動，都應融入全球化元素，使學生能夠在親身體會和經歷的過程中獲得全球化意識和能力的深度的、立體的全面發展。另外，加強國際化校園建設，如校園內的布告欄、標示等都應該是雙語甚至多國語言版本的。

（三）高校要提供對外交流平臺

要建立與國外高校的訪問、交流機制，鼓勵外籍教師來校授課。在學生的國際流動上，既要推出去，又要拉進來，積極推進大學生的國際交流和訪問。目前大學為學生創造的出國交流訪問的機會大大增多了，但是，這種增多只是絕對數量的增多，相對人數仍然很少，大多數學生在大學四年時間內仍然無法踏出國門。進一步地說，中國大學國際化拉動力量的不足，導致國外學生來中國留學的數量仍然很少，留守本校的中國學生很難獲得與外國大學生交流互動的機會，在很大程度上制約了中國大學生整體的全球化素養及能力的提高。要改變現狀，政府需

要高度重視並加大資金投入力度。

(四) 加強國際化師資隊伍建設

正如哈佛大學前任校長科南特所說：「大學的榮譽不在它的校舍和人數，而在它一代代教師的質量。」要培養具有國際化素質的大學生，在很大程度上取決於大學師資的國際化水平。因為教師是實施教育的中堅力量，他們的意願和能力是一系列的國際化教育舉措得以順利開展的重要因素之一，並且教師的行為直接影響到教學的質量和效果。從前文的問題分析中可以看出，目前中國普通高校的國際化師資還很薄弱，並且已經對本科生國際化素質的培養造成了一定的影響，所以應充分挖掘和利用一切優勢資源，採取切實有效的措施，推進師資隊伍國際化建設，以達到通過教師的有效工作來提高學生國際化素質的目的。一方面應為本校教師多提供走出國門的機會，另一方面應積極引進國外優秀的教育資源和智力資源。最後在管理上還應創設促使教師主動提升自中國際化水平的激勵機制。

參考文獻

[1] 張大良，李聯明. 研究型大學實施課程國際化的特點與策略 [J]. 高等理科教育，2006 (2).

[2] 胡建華. 中國大學課程國際化發展分析 [J]. 中國高教研究，2007 (9).

[3] 張小燕. 研究生教育國際化的發展戰略 [D]. 大連：大連理工大學，2009.

[4] 陶愛珠. 世界一流大學研究 [M]. 上海：上海交通大學出版社，1993.

國際化會計人才培養模式探討

姚　駿

隨著全球經濟一體化進程的加速，全球會計準則深入的同時，會計人員面臨更大的挑戰。會計是國際通用商業語言。我們的會計人才的質量能否適應會計國際交流與合作，如何定位會計人才的培養目標，如何培養適應國際經濟環境發展需要的國際化會計人才，是我們亟須解決的問題。高校辦學猶如企業生產產品，要培養出社會需求型的學生，提高產品的市場佔有率與知名度。因此，必須對會計人才的培養模式進行周密的規劃。

一、會計人才培養的目標

經濟全球化與資本市場國際化，使高水平、高素質的國際化會計人才日益為會計服務市場所青睞。在這種新形勢下如何定位民辦高等院校本科會計專業學生的培養目標，造就出高素質的會計專業學生，以適應會計國際交流與合作新變化的要求，是我們面對的問題。劉永澤認為我們應該將「塑造國際化、高素質、應用性的複合型會計人才」作為總體目標。教育部高等學校工商管理類學科專業教學指導委員會在2010年編寫的《全國普通高等學校本科工商管理類專業育人指南》中指出：「可將會計學專業、財務管理專業本科的人才培養目標設定為：培養德、智、體、美全面發展，適應社會發展需要，掌握經濟管理基本理論、會計和財務管理的專門知識，基礎紮實，知識面廣，能夠從事會計、審計和財務管理及相關領域工作，具有一定專業技能和富有創新精神的高素質人才。這樣的高素質專門人才，應該具有複合型、外向型和創新性的基本特徵。」

二、國際化會計人才應具備的特質

（一）恪守誠信

中國現代會計之父潘序倫先生曾指出「立信，乃會計之本；沒有信用，也就沒有會計」。可見，誠信是會計行業的立業之本。近年來，接二連三的會計造假事件使會計職業陷入了全球信任危機。如何重建會計職業的公信力已成為一個國際性的難題。因此，我們要培養國際化會計人才首先應注重誠信品質的構建，提高自身的道德素質，發揚實事求是、堅持原則、恪守誠信精神。

（二）具有國際視野、熟知國際慣例

作為一名國際化的會計人才，在分析、解決問題時必須具有國際化視野，要瞭解國際商法、經濟與政治、文化等特點，尤其是要熟知國際交往過程所遵循的國際慣例，精通由國際會計準則理事會（IASB）制定的國際財務報告準則（IFRS）以及由美國財務會計準則委員會（FASB）制定的公認會計原則（GAAP），對外提供國際通用的財務報告，以利於企業的全球利益相關者做出正確決策。

（三）具備用外語交流的能力

隨著中國有越來越多的企業在海外上市，會計人員必須能用外語（以英語為主）編製財務報告，以供國際投資者作為決策依據。這就要求會計人員要有良好的外語閱讀與應用能力，掌握用英文表示的基本會計理論與會計方法，精通國際會計準則。另外，隨著中國一些大型會計師事務所實施國際化戰略，開拓海外市場將是其戰略發展方向，面對越來越多的外國客戶，也勢必要求會計人員具備用外語進行口頭溝通的能力。

（四）能快速適應企業多元化發展的需求

隨著信息技術在企業的廣泛應用，許多會計的傳統職能可由計算機取代，而會計人員將從事更多的「非會計」工作。會計人員如只接受有限、狹窄的會計專業知識教育，則無法在快速發展的職業生涯中走向成功。會計人員除了掌握財務會計的核心知識外，還必須熟知經濟管理類的一般通識，更重要的是，應樹立「終身學習」的理念以及提高攝取新知識的能力。

（五）過硬的心理素質與較高的綜合能力

　　隨著會計人員工作環境的變更，會計人員面對的不再是單純的數字，而是一個複雜多變的世界，會計人員的責任將更為重大，遇到的問題也趨於複雜。因此，國際化會計人才除了上述特質外，還應具備良好的心理素質和承受力。此外，在信息技術高速發展與應用的今天，要在會計職業生涯中走向成功，還要具備較高的綜合能力，不僅要掌握應用現代化的信息技術加工、產生會計信息的能力，還要具備應用信息與溝通協調的能力，並能為相關領導提供決策建議的能力。

三、會計人才培養中遇到的問題

　　教學環節是高校辦學流程中的核心環節，是整個供應鏈中的重中之重。教學環節包括教與學兩個方面，而將這兩方面有機結合在一起的是各專業的課程體系。課程體系設置猶如工廠設計生產線，為保證最后輸出的產品符合市場需求，事先必須周密設計工序的總量、類別以及各工序之間的銜接問題。同理，設置科學合理的課程體系對於實現會計高等教育目標也起著決定性的作用。

（一）在課程設置上過於注重專業性

　　通過對國內外課程類型設置比例進行對比發現，國內高校取得專業學位要求的學分明顯高於國外高校，國外高校學科基礎課（非會計類）和任意選修課模塊所占學分比重要高於國內同類高校，專業方向課程（會計類）學分所占總學分比重低於國內同類高校。過分注重專業課而忽視其他相關課程的學習則會導致學生對會計領域不具有宏觀層面的把握。國際化會計人才應該具有較強的邏輯能力，能夠從錯綜複雜的各種財務和非財務信息中找到聯繫並進行歸納分析，從而有效監督企業的經濟運行並解決各類財務問題。目前，我們的課程設置中，金融學方面的課程內容設置得還不夠充分。會計和金融是有密切聯繫的，增加相關金融學方面的課程內容，對學生未來的學習和工作都會有幫助。我們很多會計本科和會計碩士畢業之后，進入了銀行等金融機構工作。一個會計技能紮實的人，從事金融行業中的很多工作一樣是可以勝任的。因此，國際化會計人才需要具備更合理的知識結構。

（二）教學形式單一

　　目前，一些高校教學仍以傳統的灌輸式教學方式為主，沒有能夠啟發、帶動

學生學習興趣和自主學習能力，不能做到因材施教，反而會制約和阻礙學生創新能力的發展。教學的靈活性、啟發性和創造性並沒有在教師的日常授課中得以體現，學生課堂參與積極性不高，課後自主探索和研究的動力更是不足。在授課內容上，也主要是以理論知識為主，而不是理論知識與實務知識並重，案例教學、實驗課程所占比重不足，不利於培養學生獨立分析問題和解決問題的能力。

（三）會計實踐環節效果不佳

國際會計人才需要較強的實踐能力，很多學術文獻都提到當今會計教育應加強學生實踐能力培養。對會計實驗教學不夠重視，學生實習環節效果不佳，以致學生實踐能力十分薄弱。高校會計專業也會開設一兩門實驗操作類課程，但課程多注重考核帳務處理的規範性和正確性，要求學生掌握會計基本操作技能，與真實會計實務操作往往有較大差距。實習也是增強學生實踐能力的一個重要環節，可以培養學生良好的工作作風和職業道德，為學生畢業後順利走上工作崗位做準備。部分高校雖然將實習計入學分對學生進行考核，但因為學校通常不統一安排學生的實習單位，有的學生實習單位和實習內容與本專業相關性不是很高。這樣很難保證實習質量，使部分學生的專業實踐能力並沒有得到很好鍛煉。

四、國際化會計人才培養教學改革

（一）課程設置方面

根據上述內容，在對會計專業課程進行調整之前，應首先分析一下課程體系的結構，即通識教育與專識教育的比例是否構建合理。大學內所教的很具體、很規則的內容往往會迅速貶值與過時，而若教會學生如何在新情況下迅速捕捉新知識，則高校培養的學生在今後的就業過程中就真正具有競爭力，也才能被市場最終認可，從而才能真正樹立該校的品牌。通識教育應該成為本科教育的主要課程，因為它能夠提供一個可以在其基礎上進一步獲得所需技能的寬厚的基礎。這一點從美國哈佛大學近年來的課程改革得以反應。在 2007 年實施了課程改革計劃後，哈佛大學推出了 8 門全新的課程，要求每一位入讀的新生必須學習分析推理、道德推理、世界社會、文化和信仰、世界中的美國等課程，協助學生把目光放得更長遠，加深對外面世界的認識，而不是把目光集中在主修的學科上。

（二）教學方式方面

首先，以學生為中心，鼓勵學生自主思考。教學方式上應該注重加強課堂上

的師生互動性，將學生擺在主體位置。教師主要起主導作用，其目的是培養學生的學習主動性和積極性，提高學生的分析能力和創新能力，為其將來成為國際化會計人才打下堅實的基礎。其次，運用媒體，讓學生習慣於關注國際學術前沿動態。國際化會計人才不僅需要具備嫻熟的專業知識，還需要擁有國際專業視野，熟知國際會計準則，瞭解國外市場運作規則和相關法律法規，掌握最新行業知識，始終站在專業、行業的前沿。最后，教學方法上應強化案例教學。案例教學既可以鞏固學生所學的會計理論知識，又可以實現理論與實際相結合，提高學生的實際操作能力，以及發現問題、分析問題和解決問題的能力。在選擇案例時，案例的選材應是靈活多樣的。案例教學的關鍵是教師怎樣在課堂上引導學生對案例進行分析，以充分調動學生課堂學習的積極性。

（三）加強對學生實踐能力的培養

會計人才培養過程中不但要傳授給學生基本理論知識，還要使學生掌握會計的各項專業技能。會計學專業實驗課也是教學中的一個重要環節，要重視會計專業實驗課。實驗課不僅要使學生瞭解傳統式的手工做帳、帳戶系統和會計流程，也要使學生掌握目前中國和國際上主流財務會計軟件實務操作流程，以培養會計學專業學生更好的實踐技能，使我們培養出來的學生成為既有會計技能又通曉國際準則慣例的高級複合人才。同時，要積極鼓勵學生尋找有條件的企業進行實習，在校外實習，感知現實經濟環境，將會計理論運用於會計實務。學校安排好理論教學和實驗、實習課程的銜接，在理論學習中注重專業知識和跨學科知識的攝取，在實驗課和校外實習中，將理論運用於實踐，並進一步從實踐中昇華理論知識。

培養國際化會計人才是一個必然趨勢，國際化會計人才培養旨在培養高素質的複合型人才。會計教育肩負著為國家輸送高素質會計專門人才的重擔。這是一個艱鉅和長期的任務，培養國際化複合型會計人才應該在探索中不斷調整和完善。除了各高校應該設置培養方案外，學生個人也應該以成為複合型會計人才為目標，不斷嚴格要求自己，才能更好地實現這一目標。

參考文獻

[1] 孟焰, 李玲. 市場定位下的會計學專業本科課程體系改革——基於中國高校的實踐調查證據 [J]. 會計研究, 2007 (3).
[2] 劉永澤, 孫光國. 中國會計教育及會計教育研究的現狀與政策 [J]. 會計研究, 2004 (2).
[3] 張魯雯. 高校會計人才培養存在的問題與對策 [J]. 財會月刊, 2010 (6).
[4] 陳立齊. 從「死記」到探索的美國會計教育 [M]. 青島：中國海洋大學出版社, 2006.

對國際化高級會計人才職業能力培養的思考

唐鳳芬

隨著世界經濟全球化、一體化的加速發展,國際交流不斷擴大,國際貿易合作不斷加強,國內會計準則和國際會計準則不可避免出現碰撞的可能,企業風險難以準確估量,對國際化高級會計人才培養和加快推進國際化會計人才培養進程提出了迫切的要求。雖然中國擁有大量的會計人才,但他們的職業能力和職業素養卻不在同一水平線上,國際化高級會計人才的比例非常小。據調查,中國國內國際化、複合型的高級會計人才的需求已經接近三十六萬人,但是實際上符合國際化、複合型的高級會計人才條件的只有五萬多人,還沒有占到五分之一。可見,中國現在非常缺乏高級會計人才,而且這一情況已經制約了中國經濟體制的發展和進步,阻礙了中國經濟的完善和改革。所以,培養國際化高級人才、提升國際化會計人才綜合職業能力是極為首要的任務。

一、國際化會計人才職業能力的市場需求

怎樣的會計人才,才符合國際化會計人才的標準,適應國際化大環境的強烈競爭力?筆者認為,一個高素質、高層次的國際化高級會計人才應該具備高的綜合職業能力,適應國際市場的需求。

1. 具有開拓的國際化視野,創新國際化會計人才的全球觀念

國際化會計人才應具有較強的國際化意識與國際化思維,要具備與經濟發展全球化相適應的知識結構,熟悉市場經濟社會環境中的各類經濟業務及其有關的法律和制度,同時也要對其他國家的文化有深刻理解,能以「異域理解」「視角交融」的思維進行文化間的交流。

2. 具備良好的職業操守，奠定國際化會計人才的道德基礎

國際化會計人才與一般會計人才一樣，必須具備良好的職業道德。從某種程度上看，由於會計行業的特殊性，會計人員的職業操守決定著會計工作的質量。作為會計人，體現在職業道德上極為重要的一種品質就是誠信，只有誠信，才能保證會計信息的真實可靠。必須實事求是，堅持會計準則和執業原則，才能融入國際化會計發展的潮流。

3. 掌握流暢的雙語能力，奠定國際化會計人才的溝通基礎

隨著跨國經營的增多，對國際化會計人員的雙語水平的要求也相應提高。國際化會計人才應當具備良好的英語溝通能力，掌握專業、精準的財務英語以及熟練的英語溝通技巧。為此，國際化會計人員應具備紮實的雙語能力，才能進行無障礙交流。

4. 掌握高水準的國際會計知識，奠定國際化會計人才的專業能力

在國內、國際會計準則逐步趨同的大背景下，國際化會計人才應當立足國內，熟識相關國際慣例，掌握本專業的國際化會計理論知識和技能，具有國際一流的水準，並能靈活運用國際會計準則，做到「內外兼修」。

5. 熟練地掌握信息處理業務，奠定國際化會計人才的邏輯分析能力

隨著國際貿易的不斷加強，信息處理和傳遞突破了時間與地域上的局限。加之網路技術的飛速發展，在大數據背景下會計信息網路化，使得會計信息的輸入、加工、處理和傳遞更加便捷，國際化會計人才的工作也從業務處理轉為以數據分析為主。因此，要求國際化會計人才能夠準確判斷哪些數據是財務相關數據，哪些是不相關數據，為企業發展提供可用財務信息。

6. 具備敏銳的決策能力，奠定國際化會計人才的管理能力

如今，企業管理將更加趨向於一種扁平式的管理結構。這種管理模式，需要會計人員更經常地參加到企業的經營預測和決策過程中去。隨著市場經濟的發展和經濟全球化進程的加快，會計的應用範圍更加廣泛，會計人員已經由過去單一的「帳房先生」發展到集會計、管理、預算、決算於一身的綜合性人才。他們將不僅是為經營管理者提供預測和決策所需的財務信息，而且要參與企業經營決策。所以，對高級會計人才的決策管理能力也提出了新的要求。

二、國際化會計人才職業能力培養存在的問題

國際化高級會計人才在世界經濟中扮演著重要角色，但是在國際化高級會計人才職業能力培養上，仍存在一些問題。

其一，中國國際化會計人才緊缺，會計人才國際視野有待拓展。現在中國國際化高級會計人才比較緊缺。相關調查數據顯示，推進中國會計國際化建設仍需近十萬名具有國際展望、與國際市場接軌的專業性人才，這在中國處於極度緊缺的狀態。並且一般會計人才比較缺乏國際化的會計經驗，對國際化的會計準則不是很瞭解。中國大多數的會計人員不能深刻認知國際會計準則，並且不能將國際會計準則和國內資本市場之間的關係相互協調。

其二，會計理論、實踐不能有效結合，會計實務國際化水平有待提高。我們發展本國會計國際化，也必須堅持理論和實踐的緊密結合，不僅在會計理論方面實現國際化，在會計實務方面也要實現國際化。雖然中國現今已經制定並頒發的會計準則有十幾項，和國際會計準則的差距也在逐步減小，但是這不能表示國內會計實務也達到了相應的高度。

其三，雙語能力有待提升，學生能力教育需進一步加強。當前各高校的會計教育對會計專業的相關知識已經十分重視，但是卻忽視了對學生實踐能力、分析能力的培養。在一些高校的會計教育中雖然開設了少部分的實踐操作課程，但這些實踐操作課程大多強調考核學生的帳務核算的正確性與規範性，通常情況下，僅要求會計學生掌握基本的操作技能，但這並不適應會計實務界的操作要求。如果不具備良好的分析能力和變通能力，當面對不熟悉的經濟業務時，就不一定能根據基本的會計準則來對經濟業務進行正確分析與判斷。同時，學生雙語能力基礎薄弱，無論是對國際化會計相關專業知識的吸收，還是國際會計業務的溝通交流都有著很大的阻礙。

三、國際化會計人才職業能力培養的建議

中國高級會計人才數量雖然在不斷地增加，但是職業能力卻普遍偏低，中國高級會計人才面臨巨大的挑戰。只有不斷提升高級會計人才的職業素養和能力，才能夠順應市場經濟體制發展和進步的需要，才能夠不斷提升國家的整體經濟水平和經濟效益，才能夠適應國際化發展的趨勢。高校作為培養會計人才的主要陣地，應不斷加強國際化人才職業能力的培養。

1. 重視國際化意識和國際化視野的培養

原北京大學校長許智宏教授指出：「在今天經濟全球化的社會，不管學生們將來怎麼樣，在中國讀書還是到國外讀書，他們都必須有國際視野。」國際化更強調具有世界意識、空間意識、國家意識、民族意識和道路意識。要培養國際化會計人才的國際視野，首先要做好國情教育。一方面要增進他們對中國改革開放取得

巨大成就和中國國際地位不斷提升的客觀事實的瞭解和認識，激發中國青年的民族自豪感和愛國熱情；另一方面也要促進他們對國際形勢和時代特徵的認識，增進他們對黨的外交方針政策的瞭解，增強他們捍衛國家主權、維護國家利益、維護穩定大局的主動性和自覺性。其次，要全面提高學生的綜合素質，努力培養能夠把握發展機遇、應對挑戰的國際化人才，增強未來中國在全球化背景下的核心競爭力。最後，搭建學生瞭解世界的實踐平臺，全方位推動國際交流活動的開展，培養學生國際化思維，使學生瞭解並理解其他文化，積極面對不同文化間的衝突與融合，能夠站在更加廣闊的平臺上思考中國參與全球化進程中所面臨的各種問題。

2. 加強學生職業道德的教育

相對於國外會計職業道德培養的發展，中國會計職業核心能力的培養比較缺乏，很難實現課程與職業能力的有效銜接，阻礙了會計人員綜合職業素質的提高，忽視了會計業務素質與道德品質培育過程的有效整合。高校要重視學生職業道德教育，探索學生職業道德教育的改進路徑。

首先，確定職業道德教育目標。針對會計專業的學生拓展其獨具特色的課程內容，緊密結合會計職業的特點，以社會熱點道德問題為突破口，引導學生在案件分析討論的過程中，加深對會計職業道德的多視角認識，提升其對會計問題的職業道德判斷。其次，豐富教育內容。可設立「會計職業道德模擬實驗」課程，指導學生將理論知識付諸實踐，通過虛擬的會計實踐，讓學生深刻認識和理解專業技能與職業道德的緊密聯繫，幫助學生切實領悟會計職業道德的內涵和價值；可設立「會計舞弊道德剖析」課程，作為反面教材，讓學生掌握會計人員應有的道德操守和法律規範，以及違反會計職業道德應承擔的法律后果，結合法制知識和心理學知識，鞏固正確的道德價值觀。強調職業理念與規範操作相結合，促進專業技能與道德素質的雙重構建。會計人員的道德意識、法律意識和責任意識與是否能提供真實有效的會計信息有著極為密切的聯繫，會計人員容易在利益機制和功利主義的侵蝕下，歪曲正確的價值觀和職業道德操守。大學生只有具備良好的職業道德判斷和行為選擇能力，才能有效地促進職業道德品格的發展，才能將「誠信、公正」的職業理念與各種法律制度、法律規範相結合，實現提高專業技能與培育道德素質的雙重構建。在職業教育的過程中，學校、教師、學生、社會的道德需要在本質上是相通的，都是建立在一定的社會規範、法律制度的基礎之上的。因此，要在傳授會計知識的過程中，及時豐富並完善社會轉型期反應新風尚的道德內容，結合中國法律法規，在會計專業學習的過程中，形成正確的政治、社會、倫理、經濟取向，並將人們普遍認可的道德規範上升為制定獨立學院會計目標、學習準則的道德標準。

3. 調整培養職業能力為核心的課程設置

經濟越發展，會計越重要。會計是一個與時俱進的學科，所以要建立以終身教育為理念的教育價值觀，建立集知識傳授、能力培養、素質教育為一體的課程體系，紮實打好學生國內、國際會計專業知識基礎。在基本能力課程設置方面，應包括明辨思維、口語溝通、計算機能力、文字表達和第二外語（主要考慮英語）等方面的課程；在學科拓展課程設置方面，應包括數學思維、應用科學、人文科學、自然科學、社會科學等方面的課程；在公民教育課程設置方面，應包括倫理推理、審美表達、全球社區、健康教育、中國價值觀等方面的課程；在學生發展指導課程設置方面，應包括個人發展、國際化課程學業生存、國際化課程學習技能、就業指導等課程。每門課程都圍繞職業能力的培養而進行。

4. 注重學生英語能力的提升

對於國際化的會計人才，對學生英語水平有著較高的要求，不僅需要在基本的聽說讀寫上有較強的能力，在專業英語的知識掌握和溝通交流上也有著較高的要求。所以，高校要加強學生會計專業英語能力的提升。培養學生在涉外會計活動和工作中獲取會計信息、進行會計業務處理和熟悉一般財務管理事務、完成基本管理工作的專業操作能力，以及善於接受和運用新的知識、具有較強自學進取精神的專業發展能力。具體應涵蓋以下三方面：第一，掌握會計專業術語的英語表達，能夠在工作中的各種環境下（口頭及筆頭）熟練運用英語；第二，能夠使用英語獨立及協作完成各項會計專業操作和管理工作；第三，能夠對英語文獻、資料及數據進行正確的理解、翻譯及轉化，對不斷獲取最新專業信息和知識充滿信心和興趣。以上具體目標在實際應用時，還需根據學生不同的英語水平和未來職業規劃需求，有針對性地深入細化。

參考文獻

[1] 李愛華. 如何培養適應職業能力要求的會計學專業人才 [J]. 中國集體經濟，2014（1）.

[2] 王雪. 探討培養國際化會計人才之路 [J]. 管理觀察，2015（3）.

[3] 高小蘭. 培養複合型國際化會計人才研究 [J]. 經濟師，2015（9）.

國際化背景下高校審計
人才培養模式路徑的探索

譚白冰

伴隨著經濟全球化的步伐，會計在促進國際貿易、國際資本流動和國際交流方面發揮著重要的媒介作用，與此同時，審計也起著保駕護航的重要監督作用。目前，審計國際化的呼聲愈加強烈，這也必然成為審計改革的發展趨勢。經濟全球化的縱深發展是需要國際化審計人才的主要動因。為此，作為培養國際化人才主陣地的高校應加強培養滿足國際、國內需求的國際化審計人才。

審計是一門綜合性和實務性都較強的應用學科。國際化審計人才是指具有經濟全球化的思維方式，擁有會計、經濟、管理、法律等相關專業知識，具有一定的審計專業技能和良好的職業道德和專業勝任能力，能夠開展國際審計業務或跨國審計業務，能夠履行經濟監督、經濟鑒證和經濟評價的國際型審計專門人才。因此，我們應把培養國際化審計人才當作自己的重要使命，積極抓搶國內外機遇，努力構築特色項目平臺，有力推進國際化教育的多元化發展。

一、國際化審計專業人才的基本素質與長遠定位

世界一流高校人才培養的基本經驗之一是培養具有國際競爭力和國際視野的專業人才。符合社會需要，滿足多層次、多樣化的要求，兼具學術型、應用型、複合型特點的綜合性專業人才，才能在社會上占據有利地位。根據這個特點，我們應在審計教學研究和審計人才培養實踐中進行長期有效的實踐研討，明確具備國際化標準與需求的審計專業人才的培養定位，並進一步對國際化審計專門人才培養達成共識。

（一）國際化審計專業人才應具備的基本素質

首先，培養國際化審計專業人才的首要任務就是提高其語言交流能力。在開

展國際審計業務和交流的過程中，國際化審計專業人才需要解決的第一個問題就是語言溝通的障礙，主要體現為加強英語實際溝通能力。

其次，國際化審計專業人才要掌握相當程度的知識和技能。比方說，除了國際化審計準則外，還需要瞭解諸如有關國際會計準則，國際資本市場及國際營銷和管理等慣例和知識，以及各國文化、風俗習俗、法律、政治等。

最后，國際化審計專業人才應該具有複合性的綜合判斷力。國際會計準則的制定主要是以會計原則為基礎，讓所有國家都可以接受和使用國際會計準則這種通用標準。換句話說，以原則為基礎的會計準則僅僅是對各項會計業務處理的能力提出了基本規範要求，而對一些具體業務的確認、計量和披露並沒有做出詳細的規定，那麼審計人員就要運用其良好的綜合判斷能力來辨析、判斷企業財務報告的真實性和公允性。這當然也說明，國際化審計專業人才還需要具備終身學習的素質以及溝通協調的管理能力。

(二) 國際化審計專業人才的長遠定位

國際化審計專業人才應該具備「會英語、懂技術、擅溝通」等各項能力，既要能適應激烈的國際市場競爭，又要兼具綜合知識、國際視野、跨文化協調能力和國際化運作能力。此外，要培養國際化審計專業人才具有適應市場經濟的能力，具有優良的審計專業技能和良好的職業道德，並擅長執行經濟監督、經濟鑒證和經濟評價等綜合素質的審計專業人才。

二、高校國際化審計人才培養的現狀

(一) 國際化審計人才培養理念不強

目前，有一部分開設了會計、審計等專業的高校已逐漸認識到所培養的會計類專業學生與國際、國內就業市場需求有一定差距，並在努力改進中。但有些高校並沒有真正意識到國際化會計、審計人才培養的重要性和緊迫性。諸如在審計相關課程設置、人才培養方案等方面都與國際化存在一定距離。審計是一門綜合性和實務性都很強的專門學科，但是傳統的審計教學中單純理論講解比較多，致使很多高校在課程設置上仍沿用多年的慣例，沒有創新也沒有開設培養審計崗位實踐操作能力的課程，更沒有設置拓展國際視野與綜合業務素質的課程，涉及介紹國外風土人情的基礎課程更是寥寥無幾。國際會計準則、國際審計準則的學習課程也不多。雙語教學的專業課程有限，即使開設也只是考查課並沒有納入考試課的範疇。這致使學生對此課程不加重視，再加上學生的外語水平不高，對國際

審計知識缺乏，不能激發學生學習的熱情，難以放眼世界，無法培養國際化的審計思維。這直接影響到審計專業學生今後的職業生涯。大多數應用型高校審計專業的人才培養目標定位狹窄，一般只局限於能為國內的企事業單位、社會團體提供審計技能，並沒有做到和時代發展同步。培養目標定位除了應該面向本地區或本經濟區域企業，也要面向全世界的企業。這就要求培養具有熟練掌握國內審計理論與實踐的人才，同時更應培養具有國際審計技術應用能力的人才。因此，應用型高校應放眼世界，審計專業應將培養國際化審計人才作為長遠發展方向。

（二）審計師資隊伍實踐素質不高

培養國際化審計人才離不開具有國際化審計思維和技能的教師隊伍。應用型高校教師不僅要有較高的師德水準和系統的專業理論知識，還應有國際化審計經驗，更為重要的是應有較高的外語（尤其是英語）水平。因為語言是工具，沒有熟練掌握語言工具也就無法瞭解國際審計準則等相關內容。現階段，應用型高校能進行雙語教學的教師不多，具有國際審計實踐經驗背景的就更少。同時，專門的審計模擬實驗室的建設也落后於會計模擬實驗室，精通審計軟件的教師也比較少。審計工作是一項實踐性很強的工作，對審計經驗和職業判斷能力要求很高。應用型高校審計教師大多具有碩士或博士學歷，審計相關學科理論功底相當雄厚。但限於從學習的學校畢業直接進入工作的學校這一現實，他們大多沒有豐富的審計實踐經驗，在講授審計課程時還沒有脫離「就會計講審計」的這一小圈子，沒有形成大審計的思維方式，針對一些審計情形只能憑藉想像的模擬場景講給學生，沒有參與過國際企業審計的實踐經驗，案例也會顯得蒼白無力。學生學習的效果並不如人所願。

三、高校國際化審計人才培養的路徑

為探討培養審計專門人才的長遠定位，探索與完善具備國際化會計、審計專門人才培養機制，新常態社會對國際化會計、審計專門人才機制提出了新的要求。筆者針對現目前存在的問題，提出以下建議：

（一）優化人才培養方案，建立健全國際化審計人才培養模式

現階段，中國高校審計專業的教學效果和就業形勢並不理想，很多用人單位反應新招聘來的應屆大學畢業生理論聯繫實際的能力不強，缺乏必要的知識結構和能力結構。在培養審計專業人才時要著眼於國際和國內的市場需求，選用的教

材應體現時代性，課程內容的設置多傾向於國際會計、審計準則，鼓勵審計專業學生通過註冊會計師（CPA）、註冊稅務師（CPT）、註冊資產評估師（CPV）等考試項目。注重培養學生的英語溝通能力，加強英語教學，如可以聘請外教給學生講授審計課程。也可選用英文原版的審計教材作為教學的參考書目，選擇的授課內容還應融入審計研究的前沿理論，以配合和提升審計教育國際化的需求。如果出現授課內容與審計行業的發展不一致的情況，我們也可以選擇自主開發校本教材的形式來彌補不足。

（二）校企合作提升審計學生的實踐能力

所謂校企合作就是學生通過在企業實習，把在學校學習的理論知識應用到工作實踐中，為將來真正走向社會打下良好的基礎。不僅學生可以去企業實踐，審計專任教師也有去企業或會計師事務所鍛煉的機會，以促進實踐教學能力地提升，使審計課堂教學更貼近於社會實際需要。此外，應用型高校在培養審計人才的同時應熟悉市場對審計人才的需求變化，對審計人才的培養應從「查錯防弊型」轉為「複合型」，應意識到審計理論知識和實踐操作能力同等重要。因此，要提升審計實踐能力，校企合作是培養國際化審計人才的一個必然選擇。

（三）加強審計師資隊伍建設

具備良好的職業道德、先進的專業知識以及國際化視角的教師是培養國際化審計人才的關鍵。提升現有審計師資的培訓力度使審計專業教師具備雙語教學能力。同時在課堂上加強師生互動，要遵循學生是主體、教師是主導這一原則，其目的是培養學生學習主動性和積極性，提高學生的分析能力和創新能力。高校應該多方面爭取更多的科研經費，鼓勵並支持審計教師繼續深造，提高學歷水平，鼓勵審計教師多參與社會實踐，參加會計師事務所的審計業務，積極參加國外舉行的相關培訓，學習新知識、知曉新動向，並將所獲得的經驗運用到審計教學中，才能開拓學生的視野，提升審計教學質量。

（四）加大境內教育與境外教育的合作力度

有條件的高校，可以輸出一些具有一定語言基礎且專業知識熟練的學生接受國際審計人才教育，開展中外聯合辦學。對於暫時不能出國接受國際審計教育的學生，學校可以聘請國外會計師事務所或培訓機構通過網路教學對其進行培訓指導，共同聯合培養國際化審計人才。培養具有拔尖創新等特點的審計專業人才的一條有效途徑是加強國際交流與合作。這可以提升審計專業教師與學生對不同國家、不同文化的理解與認知。我們可通過拓展與境外著名高校的學生交流項目，

65

輸送更多學生到境外學習和交流，提升學生的國際競爭力。

(五) 貫徹先進的審計國際化教學理念

在審計專業教學中，我們鼓勵審計專業教授採用多種教學方法。比如，可以使用互動式教學、多媒體教學、案例教學等。還可以採用文字敘述法和流程圖法對審計報告進行解釋。此外，自主學習、自主閱讀的方法可適當緩解無法在既定課時講授太多內容的困境。可用逆向思維的方法思考「為什麼」，即以充分有效的審計證據支持相應的審計結論的問題。

四、總結

打造國際一流的審計專業人才隊伍，確立中國審計人才競爭優勢，我們可以通過一系列的政策措施：不斷提高國際化審計人才培養的教學質量，穩步擴大國際化審計專業人才的培養規模等。國際化審計專業人才的教育既面臨嚴峻的挑戰，也隱含無盡的機會。

參考文獻

[1] 劉東輝，林麗. 提高審計人才培養質量的策略探討 [J]. 教育探索，2012 (9).
[2] 劉東輝. 國際化審計人才培養策略的探討 [J]. 教育探索，2013 (4).
[3] 張軼娜. 信息化審計人才隊伍建設研究 [J]. 淮北職業技術學院學報，2014 (2).
[4] 劉豔. 市場需求視角的審計人才培養創新 [J]. 科技資訊，2013 (6).

會計人才培養逐漸國際化的趨勢
——ACCA

李秋河

目前會計從業人員中,普通的財務人員供大於求,已經呈現出疲軟的態勢;而高層次的,尤其是綜合素質比較高,既熟悉國際市場規則,又懂國內法律法規的會計人才嚴重不足。因此,培養更多與國際接軌、熟練掌握國際財會界游戲規則的國際化會計人才迫在眉睫。

一、培養國際化會計人才的緊迫性

在經濟全球化和區域經濟一體化深入發展下,國際產業向亞太地區轉移的趨勢不會改變,亞洲區域經濟合作與交流方興未艾,中國-東盟自由貿易區進程加快,粵港澳三地經濟加快融合,導致人才競爭越來越激烈。這必然要求高校對會計人才的培養要注重國際化,要求培養通曉國際會計準則和事務、同時具有專業實踐能力與社會實踐能力的高端人才。然而,目前人才市場上高層次會計人才嚴重缺乏。

二、培養國際化會計人才遇到的問題

(一) 國內外會計準則與制度變更頻繁,導致教學滯后

會計國際化起源於會計差異的比較和協調。目前會計準則在全球範圍內向單一的會計準則趨同,預計最終將形成全球統一的公認會計準則。中國已經建立了與IFRS(國際財務報告準則)高度趨同、既兼顧中國國情又可單獨實施的會計準則體系。就目前來看,國內現有教材仍過多地偏重於對準則的理論解釋,缺乏經

典案例和有啓發性練習的實踐教材。在會計準則趨同的背景下，即便我們借鑑國外優秀教材開發出適合國內學生使用的實踐教材，也由於教材從編撰到付印週期過長，往往要一年以上，部分內容也可能陳舊過時。

(二) 對雙語全英教學的重視不夠

國際化會計人才的需求主要體現在兩個方面：一方面，跨國公司來華投資、外國投資企業在中國境內的設立數量逐年快速增長，在財務管理和財務會計方面，它們需要既熟悉國際會計慣例，熟練掌握國內會計、審計和稅務知識，同時又能用英語從事專業工作的國際化會計人才；另一方面，中國國內大中型企業紛紛跨出國門、走向世界，有的在國外設廠辦公司，有的在國際資本市場籌資和融資，這類企業同樣需要大量能直接用外語從事財務會計工作、熟悉國際會計慣例的會計專業人才。在過去的十幾年裡，中國高校從未輕視過英語教學，但是很多會計專業的學生專業英語水平並沒有得到提高，仍看不懂英文的專業書籍和資料。學生專業英語的素質得不到提高，很難將他們的專業水平推向國際化。

(三) 會計專業課程教學模式被動

在財經類專業當中，會計專業學生通常給人的印象是精於計算，但是沉悶、缺乏激情。這些負面評價的產生原因之一，是會計專業課程自身特點造成了教學模式被動。例如，無論是基礎會計、高級財務會計或是國際會計等課程，必然要詳細講解怎樣對各種經濟業務進行會計核算。「核算」也可以認為是初等數學在會計領域的應用，會涉及大量枯燥繁瑣的數據處理，這對於無論是會計理論還是會計實踐都有所欠缺的學生來說，要在數據堆中悟出樂趣實在不是一件易事。此外，會計專業課程內容難免重複。一方面，主幹課程財務會計往往劃分為基礎會計、中級財務會計和高級財務會計，各級之間的劃分界線模糊，內容有時重複，有時又出現斷層，導致課程銜接不夠自然；另一方面，其他會計核心專業課程也有重複。例如，成本會計和管理會計，財務管理和報表分析，這些課程耗費大量學時，重複授課易使學生的知識面受限、學習積極性受挫。

(四) 重理論學習，缺少了動手實踐能力

首先，在校學生重視理論學習，缺少實務。例如，他們不能識別外幣，無法分辨發票的真偽，不能規範填寫金額，沒有進行點鈔、驗鈔的訓練等，導致一旦進入工作崗位，不能快速進入角色。其次，會計專業學生重視對會計核算的學習，對預測、決策、分析的訓練不足。究其原因，一是在校學生不能做到對會計專業各學科知識的融會貫通，不具備綜合運用會計、財務管理、審計、稅法、分析軟

件等相關專業知識的能力；二是教學過程中缺少能培養學生預測、決策、分析能力的經典案例。

隨著會計準則國際化進程的不斷加速，被聯合國確定為其全球財務課程藍本的英國特許公認會計師證書 ACCA 正被越來越多的跨國公司認可，建立全球統一標準的會計準則已是大勢所趨。特許公認會計師公會 ACCA（The Association of Chartered Certified Accountants）的專業資格考試以國際會計準則理事會頒布的國際會計準則和國際財務報告準則，以及國際會計師聯合會頒布的國際審計準則作為依據設計考試內容，多年來憑藉著良好的以應用為目的課程設計和以持續教育為中心的管理模式，贏得眾多的跨國公司和專業機構的推崇。同時其也將會對高校會計專業和會計專業英語的課程體系與教學產生深遠的影響。

由於 ACCA 是基於 IASB（國際會計準則委員會）制定的國際會計準則（IAS）為標準的會計職業證書考試，在整個考試體系中對於國際會計準則地理解及應用就更為重要。考生不僅從知識上和技能上要掌握國際會計準則，還要能在基於現實的案例中，對實際的會計處理進行分析，發現和質疑問題，並提出解決問題的方案。中國大學會計專業教學內容主要是以 2006 年構建的與中國國情相適應的同時又充分與國際財務報告準則趨同的、涵蓋各類企業（小企業除外）各項經濟業務、獨立實施的會計準則體系為主線展開的。該會計準則體系由一項基本會計準則和 38 項具體會計準則組成。在教育內容上，大學會計專業著重強調會計業務處理的專業知識。由於會計學是一門具有很強操作性的課程，如何把理論應用於實際，是會計專業長期探討的問題。

三、ACCA 具有完善的課程體系

各門課程與相關課程相互對應、緊密相連、自成體系。對學員綜合能力和知識的儲備要求比較高。以財務會計為例，大學會計專業主要是以會計學（或初級會計學）為基礎，以中級會計學以及高級財務會計為梯次深入的。而 ACCA 在財務會計方面的考核，大致是通過 F3 Financial Accounting（財務會計）、F7 Financial Reporting（財務報告）和 P2 Corporate Reporting（公司報告）這一主脈展開的。F3 財務會計主要以財務會計的原則為基礎，採用復式記帳方法，依次按照獨資公司、合夥人企業和有限責任公司順序來展開，並圍繞業務記帳、期末帳戶調整、編製財務報表完成會計記帳循環。F7 財務報告是 F3 財務會計的深入。它主要是在會計基本記帳方法的基礎上，講述國際會計準則的概念框架和規則框架，解釋國際會計準則，合併財務報表以及財務報表分析。P2 公司報告主要考察考生對國際會計

準則的應用，包括會計師的職業道德及義務、財務報告框架、公司財務狀況報告、集團財務報表、特殊實體的會計處理、公司財務狀況評估、財務報告的現行發展。

四、考試的形式與內容更專業

從考試的形式與內容來看，ACCA 課程要求學員具備更強的綜合歸納與分析能力，使一門考試中出現其他課程知識點的概率大大提高，從不同的角度對同一個知識點進行考察的現象比比皆是。考題多以案例題的形式出現，涉及眾多考點。大學會計專業主要是以該門課程的獨立考試為主，強調該課程知識點與理論的學習，從而在考試中缺乏與其他課程的聯繫。

五、ACCA 大綱中出現的新增課程 P1（專業會計師）

這門課程旨在使未來的高級會計師有較好的職業道德，掌握公司治理、內部控制、風險管理等相關知識，將專業素質、職業操守和職業競爭力作為其核心內容。這體現了目前全球人力資源方面對會計最佳實踐的需求。目前中國高校會計專業缺乏針對會計職業操守和職業道德的教材。

六、以 ACCA 大綱為藍本構建「ACCA 會計英語」教材設想

1. 編寫原則及目標

以內容非常廣泛的 ACCA 課程體系為藍本，編寫「ACCA 會計英語」教材是一項難度較大的系統工作。以知識課程、技能課程、核心課程的結構順序為導向，遵循「強化基礎、突出技能、循序漸進、重在素質」的原則，培養能熟練書寫、運用 ACCA 會計術語的英語表達方式與術語，瞭解英語語言環境下基本會計業務的處理，能用英語進行基本的會計分析，瞭解中國及國際會計準則，從而達到能用英語進行明辨思維、攝取知識、傳遞信息、交流思想和表達情感、解決問題的通才型高級會計人才為目標。

2. 內容設計及教學語言

「ACCA 會計英語」教材內容以 ACCA 大綱中的知識課程、技能課程、核心課程為基礎，包含四個模塊：第一模塊由 F2（管理會計）、F3（財務會計）F7、（財務報告）、F9（財務管理）、P2（公司報告）、F5（業績管理）組成，主要以 F2、F3、F7、F9 的基本概念、計算與應用構成。可以將 F5 的決策技巧、預算、標準成本法和差異分析等內容安排到 F2 的應用部分，同時將 P2 中公司財務狀況報告作為 F3、F7 的一個實例進行講解。第二模塊由 F1（會計師與企業）、P1（專業會計師）、P3（商務分析）組成，以企業組織、結構、會計的功能以及內部財務控制、公司治理、內部控制和審核、風險管理、戰略定位、戰略決策、戰略行動、人力資源管理等為主線展開。第三模塊由 F4（公司法與商法）、F6（稅法）組成，主要圍繞 ACCA 學科的法律、法規進行編排。第四模塊為 F8（審計與認證業務）。「ACCA 會計英語」採用雙語教學，注重用英語去理解和領會專業知識，對於基本的概念、重要的原理、教學難點和重點，以漢語為主進行講解，幫助學生加深理解，其他部分則以英語為主要教學語言。此外，強化外語語句表達的完整性、簡單性和外語發音的準確性。在教學內容中適當合理地設計學生口語訓練部分，採取課堂討論、課堂上英語提問及回答等交流方式，調動學生使用英語的積極性和主動性。

3. 教學手段

教學手段的現代化對提高教學質量起著至關重要的作用。「ACCA 會計英語」雙語課程教學的特點，要求教師使用多媒體教室進行課堂教學，撰寫雙語教學大綱、較為詳盡的教案和講稿，並在此基礎上製作雙語教學多媒體課件，在網上公布相應的教案或課件等，方便學生的課後復習。同時使學生加強利用網路資源的學習。

4. 教學方法

根據學生的英語基礎以及課程安排，在授課前發放英文講課資料指導學生預習。這樣一來，學生不僅能在課前初步瞭解講授梗概，還能充分掌握講課中所涉及的專業詞彙和專業術語，也有利於提高教學質量。加強師生的雙向互動，努力營造良好的課堂氛圍。注重和鼓勵學生運用英語回答問題、進行課堂討論和完成書面作業。考慮課堂上集體教學，課後實行分層次、分組指導。即依據學生的英語水平將其分成若幹小組，保證英語水平較高的學生在學習專業知識的同時得到更好的英語語言訓練，而英語水平較低的學生也不影響其對專業知識的正常學習和掌握。

參考文獻

［1］常勛，常亮. 國際會計［M］. 6 版. 廈門：廈門大學出版社，2008.
［2］譚豔豔. ACCA 考試科目匯總［J］. 財會通訊，2008（10）.
［3］審計署培訓中心. ACCA 新舊大綱的課程關係［Z］. 2007.
［4］張秀蘭. 談《企業會計準則——基本準則》對會計基礎教材改革的影響［J］. 中國管理信息化，2007（10）.

網路環境對國際化會計人才培養的影響
——基於教學內容方面

薛　超

　　以互聯網為核心的信息技術正在對人類社會的發展、進步和繁榮產生著越來越重要的影響。會計應社會生產實踐活動和經濟管理的客觀需要而產生已有悠久的歷史。但隨著新經濟的來臨，會計正面臨理論與方法的深刻變革，建立適應網路環境下的國際化會計理論和方法就是其變革的一個主題。

　　會計國際化要求會計人才國際化。根據國際化會計人才的內涵，構建國際化會計人才培養模式，具體包括培養理念與目標、課程設置、教材建設、教學方法與手段、實踐教學、考核評價、師資隊伍建設、教育資源投入和合作辦學等。這些方面的國際化導向離不開一個核心的問題，就是關於會計的教學內容國際化。只有基於會計基本理論與基本方法的國際化，才能從各方面著手培養國際化會計人才。本文著重分析網路環境對國際化會計教學內容各方面的影響。

一、網路環境對國際化會計基本概念的影響

　　會計與環境具有不可分割的「血緣」關係。一方面，會計國際化環境決定會計思想、會計理論、會計組織、會計規範以及會計工作發展水平，即會計國際化環境通過一定的物質、能量、信息推進會計理論的研究和發展；另一方面，會計理論通過對會計實務的指導和預測功能，推動會計國際環境適應性變化。

　　一是會計本質認識的變化。會計職能取決於會計環境，是變化和發展的。縱觀人類會計發展的歷史，在自然經濟發展早期，生產的目的主要是自給自足，經濟結構中占支配地位的是使用價值，而非交換價值。14—15世紀地中海沿岸城市資本主義經濟關係發展，使復式簿記逐步取代單式簿記；18世紀的產業革命，使企業經營權與所有權分離，從而價值決定機制、供求機制及競爭機制協同作用產生了會計思想；19世紀末20世紀初形成了會計的「管理工具論」理論；20世紀

中葉,人類社會進入了以新技術革命為基本特徵的信息時代,逐步形成了「技術論」和「信息系統論」的觀點和理論。

二是會計對象的變化。會計的對象是一種以物資運動為基礎,通過對價值運動的直接管理來實現價值和使用價值的最佳結合,立足於價值管理,著眼於提高效益的綜合管理工作。這種資金或資本運動,既包括已經發生或已經完成的過去活動,也包括將要發生的未來活動。資金運動以價值形式綜合地反應著企業再生產過程,構成企業經濟活動的一個獨立方面,具有自己的運動規律。在現代國際化網路環境下,企業採用電子商務,通過網路與其供應商和客戶進行交易,其業務記錄和會計信息即時地反應在網路上;企業利用信息集成技術對資金流、物流、信息流高度集成,使「三流」走向了高度統一。會計對象的重點由對資金運動的管理轉向了對電子商務活動產生的大量信息的管理。

三是會計職能的變化。會計職能不論何種學派,一般均承認會計的反應(或核算)、控制(或監督)兩項基本職能。但隨著科技的進步和經濟關係的變化以及人們認識的深化,當前國際化會計職能的內涵和外延是不斷變化的,所利用的管理理論、計算技術、傳輸技術和管理技術形成的信息系統和控制系統的方式結構不斷創新和發展,其職能實現過程也從事後向生產經營全過程轉變。

四是會計目標的變化。會計目標是指在會計職能的範圍內,依據會計信息使用者的主觀要求所應達到的程度和標準。會計目標對社會經濟環境的變動比較敏感,具有明顯的時代特徵。在國際化網路環境和網路經濟中,知識、信息、智力成為最重要的資源,經濟全球化對會計職能的全新要求使會計目標必須適應新的經濟環境。

五是對會計要素的影響。會計要素是對會計具體內容所作的分類,是會計報表的基本組成要素。由於會計報表的需求信息是確定的,因此會計要素的分類也是確定的。傳統會計把要素固定地分為資產、負債、所有者權益、收入、費用、利潤六大類。在國際化網路經濟時代,會計報告是即時、動態、全方位的,是建立在信息需求多樣化的基礎之上的,事先明確數據分類和處理程序已非必要,對會計要素事先作固定的分類同樣也沒必要。而對會計要素重新作具體細分,以便全面、具體地反應企業的經濟活動更有實際意義。另外,在網路經濟時代,原來的資產、負債、所有者權益等概念的內涵和外延也相應地發生了變化。人力資源、知識產權、客戶關係數據庫、信息資源、以域名為表現形式的網路品牌等將成為無形資產的嶄新內容,這在傳統財務會計中是根本找不到的。

六是會計信息的變化。會計信息是反應資金的特徵及其運動狀態的事物屬性。它由數據、載體和傳遞等基本要素構成。這些要素在不同的環境和條件下有不同的內容和表現形式、不同的功能和質量特徵、不同的開發方法和管理方式。在國

際化網路環境下，會計信息從形式到內容都有很大的變化。

二、網路環境對國際化會計方法的影響

一是會計假設的衝擊。會計假設是對會計運行的客觀經濟環境的抽象，是人們在長期的會計實踐中總結出來的從事會計工作所要遵循的共同約定，它直接體現了經濟環境的特點。儘管不同的會計準則制定團體有不同的理解和表述，但得到普遍認可的有會計主體、持續經營、會計分期和貨幣計價四項假設。在現在的國際化會計環境中，網路環境和電子商務或多或少、無一例外地受到了會計假設的衝擊，對其修正或重構勢在必行。

二是對會計準則的影響。會計準則是會計基本理論和會計應用理論的仲介，是用於規範會計實務，基於會計規則制定權合約安排範式的理論。會計準則的基本概念包括會計的基本前提、會計要素、會計目標、會計信息質量特徵、會計要素的確認計量記錄報告等。會計準則的具體行為理論包括具體會計準則、會計準則的制定和實施、會計準則的國際協調。會計準則是伴隨著現代企業的發展而誕生與發展的，它與經濟環境緊密相關，而且深受各國的法律環境、文化環境、政治環境和技術發展水平影響。

三是對會計核算一般原則的影響。中國《企業會計準則》規定，會計核算有十二條一般原則，即真實性原則、相關性原則、可比性原則、一致性原則、及時性原則、明晰性原則、權責發生制原則、配比原則、謹慎原則、歷史成本原則、重要性原則、劃分資本性支出和收益性支出原則。在國際化網路環境下，那些一般性的原則將發生一定的變化，尤其是權責發生制原則、歷史成本原則將受到較大的衝擊。

四是對會計核算基本方法的影響。目前，企業一般採用借貸記帳法來進行會計核算。在國際化電子商務時代，借貸記帳法具有很大的局限性，表現在以下三個方面：一是只反應價值信息而不反應非價值信息；二是只反應與資產負債表相關的經濟活動，不反應其他重要信息，如證券價格信息；三是只反應會計主體內部的有關信息，不反應其供應鏈上的其他重要信息，如供應商的原料信息、客戶的需求信息等。而借貸記帳法不反應的這些信息，恰恰是企業管理者和投資者所關心的重要信息。

五是對會計業務流程的影響。在國際化經濟環境下，計算機網路代替了紙筆、算盤、計算器，電子單據在線錄入，電子貨幣自動劃轉，財務業務協同，所有信息即時產生，資金流、物流、信息流「三合一」。財務管理無須再按事先固定的計

劃分成一個個各自獨立的環節,而是將所有信息匯成了一條連續的信息流,所需的任何會計信息都可直接從網上獲得。大約每 30 份單據才成就一筆交易的時代將成為歷史,紙質憑證、帳簿、報表也會顯得可有可無。

六是對管理內容的影響。傳統會計管理的內容主要是企業的財務活動及其所體現的經濟利益關係。隨著電子商務的普遍運用,企業將成為全球網路供應鏈中的一個節點,企業的眾多業務活動,如網上交易、網上結算、電子廣告、電子合同等,都將在網上進行處理。傳統的會計計量、財務預算、會計控制、財務分析等都會發生根本性的變革,這些都將成為企業財務會計管理全新的內容。以往傳統的融資、籌資、資金管理將只是財務管理的一個方面而不再是主要內容。

七是對會計管理組織結構的影響。隨著 Internet/Extranet(互聯網/外聯網)系統的運用,企業內部的會計部門將與其他部門相融合,出現模糊分工狀態,以往由會計部門處理的一些核算業務將按其業務發生地點歸到製造、營銷、供應等部門來完成。會計部門內部的人員分工、崗位設置也將發生較大變化。對於集團企業的影響是,由於帳務集中處理,下屬分支機構可以不再設置帳務處理職能,取消總帳崗、報表崗等,而代之以原始數據收集、審核、傳輸、會計信息管理等。

八是對會計人員的影響。企業管理離不開人的參與,在國際化經濟環境下,現代信息技術的發展對會計人員提出了新的要求,會計人員必須是既懂財務知識,又懂計算機網路知識的複合型人才。會計工作的時間、空間、效率等觀念都將發生變化:在時間上,會計人員不僅要關注過去的企業經營成果和現在的財務狀況,還要對未來的發展趨勢進行預測,並要越來越多地關注企業財務信息的時效性;在空間上,會計人員不僅要關注企業內部的財務、業務信息,還要關注其關聯企業、供應鏈、客戶等外部信息。

總之,現行的會計系統是以帳簿體系為基礎,依次通過會計確認、會計計量、會計紀錄和會計報告四個環節運行的。它借助帳簿體系,利用一套確認和計量規則,無法提供多方都滿意的信息,使相對封閉的會計系統(會計憑證—帳戶系統—會計報告)無法做到會計信息流與資金流、物流和人流「三流」同步而存在著固有局限。信息使用者關注的會計信息不僅包括通過憑證方式記入帳簿系統的信息,還包括遊離在帳簿系統之外的價值信息。信息流只有與物流、人流、資金流環環相扣、時時配合,才能較好地反應經濟事項的特徵。

三、創新會計理論和方法是會計國際化的必然選擇

隨著會計國際化環境的巨大變化,過去的會計理論和方法暴露出越來越多的

缺陷，使社會付出了巨大的成本。創新會計理論和方法是會計國際化的必然選擇。

1. 國際市場需要充分而可靠的「趨勢會計信息」

近年來，各國政府監管部門、學術界以及會計職業界對現行財務會計報告普遍表示不滿，認為會計報告沒有能夠向人們期望的那樣提供有價值的信息。他們認為現行的由資產負債表、損益表等構成的會計報告體系是從19世紀產業經濟時代的會計報告演變而來的，無法滿足新經濟時代經濟發展的新情況和新要求。由於自創商譽的不確定性和衍生金融工具的出現，現行會計系統提供的信息逐漸失去相關性；由於貨幣價值的非迴歸變動和企業自身的要求，許多企業擅自進行期間損益計算；由於企業理念發生變化，愈來愈廣泛的利害關係者對會計信息的質和量提出了更高的要求；由於行為科學、信息理論和計算機技術的發展，以及會計環境的變化，現行財務會計和管理會計呈現出諸多的缺陷。會計信息嚴重不完整、會計信息缺乏相關性、現行的會計報告只關注過去而不重視未來，使「決策有用」的會計信息似乎離人們越來越遠。

2. 為適應企業的管理和會計領域的發展，需重構會計結構體系

會計信息的滯后性已不能滿足企業即時控制和多目標決策需要。會計需要跳出經濟價值信息系統的認識局限。一方面，致力於管理信息研究的相關學科的出現，使得會計學研究的範疇需要重新定位。例如管理信息系統（MSI）、學科研究企業管理信息（包括會計信息）系統的開發、設計、構建等，幾乎將會計學所有內容都涵蓋進去了。如果會計學範圍只退守為會計報表披露準則研究，將面臨消亡的危險。另一方面，現代企業愈來愈重視價值管理，例如美國著名管理學家麥克爾·波特提出價值鏈分析（Value Chain Analysis）、美國管理學教授詹姆斯·邁天提出的價值流管理（Value Current Mangament）理論和美國會計學家湯姆·科普蘭提出的價值管理（Value Management）理論已被管理界廣泛接受，價值管理已成為現代企業管理的核心理念。圍繞價值管理形成了許多理論和方法，由於過於零散、缺乏體系，需要「會計」賦予新的含義來統領和涵蓋它們。由此看來，會計學科已處在變革的十字路口，如果將會計擴展到價值管理範疇，從價值管理角度來解釋會計概念和重構會計理論結構、重塑會計結構體系，會計就不再局限於財務部門的職能，而能擴展到整個企業管理範圍，成為企業價值增值管理的工具，上述的種種局限就可以迎刃而解，會計的路才會愈走愈寬廣。

參考文獻

[1] 劉錦霞. 中國會計國際化三維結構研究［D］. 湘潭：湘潭大學，2012.

[2] 李壽杭. 中國會計準則國際協調研究［D］. 南京：東南大學，2005.

[3] 高峰. 中國會計準則國際趨同研究［D］. 長沙：湖南大學，2009.

［4］陳毓圭. 會計審計準則的國際趨同化發展趨勢及其對策研究［J］. 財會通訊，2005（10）.
［5］李芬. 中國會計國際化策略研究［D］. 武漢：武漢理工大學，2006.
［6］馮淑萍. 中國對於國際會計協調的基本態度與所面臨的問題［J］. 會計研究，2004（1）.
［7］黃小敏. 會計國際化的總體策略［J］. 黑龍江科技信息，2010（31）.
［8］徐世偉. 中國會計國際化發展現狀及發展建議［J］. 中國新技術新產品，2011（16）.
［9］黃小敏. 會計國際化的總體策略［J］. 黑龍江科技信息，2010（31）.
［10］易娟. 淺談會計國際化［J］. 商場現代化，2010（15）.

獨立學院審計人才國際化培養路徑探究

游登貴　張錫俊

　　一系列有關擴大教育交流與合作的重要綱領性文件的頒布與實施，如《國家中長期教育改革和發展規劃綱要》（2010—2020）、《教育部關於全面提高高等教育質量的若幹意見》（2012）等，深刻詮釋著人才對社會發展的積極作用。在新形勢下，培養適應國際發展和具有全面國際競爭能力的人才成了高校在教育國際化進程中亟須完成的明確目標。獨立學院處於當前時代潮流中，其審計人才國際化培養同樣面臨挑戰和機遇。

一、審計人才國際化培養的價值

　　現今，經濟全球化、信息全球化助推企業國際化發展已是趨勢，國內企業順應時代發展，積極向外拓展，形成了大量的跨國業務。無論是國企還是外企，對企業進行會計核算是必不可少的，那麼適應並瞭解國際業務處理過程、精通國際商務的高級會計人員和審計人員便有了用武之地。眾所周知，國際業務處理需根據國際會計準則進行相應的會計核算和報表編製，跨國合併會計報表的編製尤為複雜，進而審計人員對公司財務資料的真實性和可靠性進行判斷的難度也越來越大。因此，這為審計人才國際化發展提供了市場空間。

　　進行跨國審計業務的人才，為國際審計準則的推廣、中國審計準則的發展起到了良好的推進作用。在此背景下，作為高校教育重要分支的獨立學院應貫徹與時俱進理念，擔負起培養熟悉國際會計準則、精通國際資本市場規則和國際審計準則的國際化審計人才的重任，主動接受國際同行的認證和評價。

二、審計人才國際化培養面臨的主要問題

(一) 人才培養尚未對接國際化目標理念

有學者認為，一部分擁有會計、審計等專業的高校逐漸認識到所培養的會計類專業學生與國際、國內就業市場需求有一定差距，並在努力改進中。但有些高校並沒有真正意識到國際化審計人才培養的重要性和緊迫性，在審計相關課程設置、人才培養方案等方面都與國際化存在一定距離。

從西南獨立學院的審計人才培養調研結果可知，他們大多是以審計理論教育為主導，參雜對會計實務的操作。審計與會計的課程設置十分相似，導致審計專業學生對於審計和會計之間的概念含糊不清，未完全體現專業特色，並且忽略了培養學生的專業歸屬感；同時，照搬其他高校的培養方案、培養模式，卻無法完全立足於自身情況來定位目標理念，只是簡單地把審計學變成會計學的另一個分支，審計人才朝國際化方向進行定點培養的路途還很遙遠。細化來看，他們的目標定位基本是國內的企事業單位、經濟區域企業，卻忽視了與時代同步發展的契機，在人才走向國際舞臺探索上存在不足。

(二) 審計人才國際化培養思維寬度有所局限

一方面，學校缺乏國際化定位式人才培養方案。據調查，西南地區獨立學院由於師資力量、學生素質等原因，大多對內部審計、政府審計和社會審計這三個類別的理論知識都進行授課，而沒有根據學生興趣設置選擇性專修科目；國際化發展更傾向於會計，卻忽略了在國際合作交流作為國家發展基點的時代背景下，審計人才國際化發展的重要機遇。人才國際化培養初期，熟練掌握審計相關的理論知識作為積澱是必不可少的。這種全覆蓋式的教學，雜而不精，無法讓學生對該類審計擁有更深的認識，在審計人才的國際化培養中顯得十分乏力。

另一方面，審計人才國際化視野不開闊。現今經濟環境的變化使高校在審計人才培養上面臨挑戰，在社會對審計的要求上沒有跟上腳步，學生國際化視野未打開，業務知識不全面（主要表現在業務應用、政策解讀、國際準則把控方面）。審計工作涉及面很廣，但是現今畢業的審計學生卻大多是單一型人才，有的只會財務會計，對決策會計、金融會計所知甚少，熟悉決策審計、金融審計、雲審計等的複合型人才嚴重不足。

(三) 審計專業師資力量不足, 實踐素質不高

培養國際化審計人才離不開擁有系統的專業理論知識、國際化審計理念與經驗的教師。更為重要的是, 教師要瞭解國際上審計的相關準則與法律法規需要較高的外語水平。把國際審計規則轉化為漢語進行教學, 對於教師的雙語能力要求十分高。但目前應用型高校具備雙語教學能力的教師不多, 其中具有國際審計實踐經驗背景的就更少。同時, 專門的審計模擬實驗室的建設也落後於會計模擬實驗室的建設, 精通審計軟件的教師也比較少。

就西南地區的獨立學院而言, 審計專業教師多是由三部分構成。一是通過校企合作的方式引進的社會審計精英, 他們擁有較多的企業實踐經驗, 但是教學時缺乏對理論基礎知識串聯的方式方法。二是從其他高校聘請的專業教授, 這類教授大多精通業務, 但是年齡偏大, 缺乏對現今社會對審計人才需求的判斷。三是剛畢業的審計、會計、財務管理等專業的研究生, 他們大多缺乏社會實踐經驗和教學經驗。可以肯定的是, 他們多數具有碩士及以上學歷, 對審計有關的幾類學科的理論知識掌握能力較強, 但由於沒有進入國際企業進行審計能力強化、審計素養積澱, 在教學工作中未能將大審計思維方式有效傳播給學生群體。

三、審計人才國際化培養的多元路徑

(一) 將國際化教學目標理念與內容進行串聯培養

現階段, 中國獨立學院審計人才的教學效果以及就業形勢不理想, 很多企事業單位反饋新招的應屆畢業生實踐與理論聯繫能力不強, 缺乏審計知識體系的結構框架。獨立學院在培養審計人才的過程中, 需放眼於國際與國內的市場需求, 迎合內需發展, 更要抓住國際挑戰與機遇。

其一, 教學課程中需擴充國際性的內容, 構建新型的國際化教育體系, 逐步達到健全審計人才國際化培養的教學理念的要求。

其二, 學生外語思維能力的全面培養也從側面契合了國際化的教學理念。英文原版的審計教材的使用, 可加強學生的英語學習, 突破其語言上的障礙的使用。課堂上採用雙語式教學, 讓學生有效地瞭解國際審計準則的原意; 授課時注重結合國際審計的前沿理論, 從教學理念與內容的相互串聯中拓寬學生的國際化視野, 適應審計教育國際化的需求。

（二）利用學工教務系統聯動機制強化國際化思維

學工教務系統機制在對學生的思政教育方面起著較為關鍵的作用，有助於拓寬審計人才的視野，提升思維，使他們將關注點放眼於國際上，在審計人才國際化培養過程中有著先導作用。一要積極開展有價值和有內涵的學習型活動，通過活動來幫助審計人才團隊成員豐富閱歷、開闊視野，營造良好的學習和生活氛圍，增強團隊凝聚力和對外傳播力。通過定向、定時、定量開展「價值活動育人」活動，逐步創設審計人才團隊品牌活動，為吸納更多人才加入學習型活動提供參考。二要增強輔導員團隊的國際化視域，從輔導員自身出發，擴寬眼界，把關注點放置於審計人才國際化培養上，學習其中可採納之處，進而轉化為可踐行的理念，引導審計人才朝國際化方向努力。

（三）加強審計專業師資隊伍建設力度

師資的國際化培養體現為標桿的樹立，在國際化審計人才的基本素質提升中應有所展現，並通過輸出和引入兩種方式進行應對。第一，輸出是指派遣教師前往國外進行定期的學習，吸納不同於中國人才培養的良好機制體系，拓寬自身視野，更新審計理念，提取有價值的經驗。第二，引入是指提供資金的支持，引進具有海外留學背景和經歷的高級審計人才，逐步完善國際化審計人才培養的教學理念，進而實現師資團隊的國際化。

（四）運用中外校企聯動平臺提升審計實踐能力

中外校企聯動平臺是外企與學生互動交流的思想與實踐的前沿陣地，創設資源流動的中外校企聯動平臺是推進二者互聯融通的關鍵所在。中外校企聯動平臺使學生通過審計基礎理論的學習後，把所學的理論知識運用到在外企的工作實踐中，強化其審計國際化的意識，對學習的知識加以深刻記憶並進一步體會其中的緣由，為將來真正走向社會打下良好的基礎。有了這個平臺，除學生外，審計專業教師也有參加其學習的機會，提升實踐教學能力，使單調的課堂氣氛變得讓學生更容易接受。獨立學院在培養國際化審計人才的同時也應時常關注審計人才市場的需求變化。審計理論與實踐的同等重要程度決定了市場對複合型人才的主要需求。在學習理論知識的基礎上，提升審計實踐能力則是培養國際化審計人才的重要途徑。

參考文獻

[1] 周廣秀. 應用型高校國際化審計人才培養路徑探索［J］. 產業與科技論壇，2015，14（7）.

［2］劉東輝. 國際化審計人才培養的策略探討［J］. 教育探索，2013（4）.
［3］張愛華. 基於應用型人才培養的獨立學院審計實踐教學研究［J］. 當代經濟，2014（1）.
［4］毛敏，管亞梅. 國際化背景下拔尖創新審計人才培養模式的探索與實踐［J］. 財會學習，2015（16）.

國際化會計人才培養模式研究綜述

遊登貴　盧亞然

站在新的歷史節點下，隨著「一帶一路」發展戰略的縱深推進，經濟文化國際化發展必然會是推進國際合作交流、協同共進的一劑良藥。趁此良機，會計的國際化發展對會計人才的定位培養和模式突破冠以新的願景。從 2015 年初至今，在中國知網（CNKI）以「國際化會計人才培養模式」為篇名檢索到的期刊成果為 205 篇，碩士論文 21 篇。相較於往年，學術界對國際化會計人才培養關注點更加集中，如對國際化思維的運用、國際化進程下的熱點呈現、具體培養方式分析與運用等。

一、國際化思維如何影響會計人才培養

國際化思維的作用是什麼，學理上定論不一，至今沒有統一概述。不少學者在研究中通過「人才培養制度、人才培養模式、人才培養目標、人才培養理念、學科結構設置、課程體系、考試制度、師資隊伍建設、教學方式手段、實踐教育、職業道德教育、在職教育培訓」等諸多角度初步集結了其導向隊伍。具體而言，張倩、劉淑花等借力 2010 年教育部推出的「卓越計劃」，提出把培養「德、知、行、思」全面發展的高素質國際化卓越會計人才作為會計行業高層次應用型人才需求風向標。陳良柯等從供需上表示，在國際化發展使命下培養國際化會計人才是重中之重。他在教育國際化政策引航下長年探索，認為國際化思維不僅會影響會計人才「因國制宜」及時需要的目標，還對會計高端、精準、溢出人才定位培養帶來可供參考的經驗。有學者對接國際化思維要領為新形勢下會計人才重點支撐和教育路徑鋪就路石。目前創新創業人才、國際組織人才、非通用語言人才、海外高端人才、急需領域專業人才等各類人才成為「一帶一路」發展建設的關鍵。高等教育部門理應開拓「內生」和「外延」範疇，肩負起人才培養的重要使命。立足小視域，楊寶等認為培養涉外高級複合型財會人才對主動服務戰略發展需要

至關重要。張興亮、崔曉鐘表示，會計學專業國際化建設重點在於人才培養方案國際化導向，具體涵蓋國際化師資隊伍建設、教學內容覆蓋、學生隊伍國際化走向。

可以肯定的是，這裡談到的國際化思維僅體現了一種導向作用。國際化思維之所以受到重視和推崇，關鍵在於過去的「十二五」計劃內，它真正影響並切實引導教育主體對高素質會計人才培養進行傾斜。加之經濟全球化的深入和信息網路的快速發展，經濟活動空間不斷拓展，經濟主體逐漸多元化和複雜化，會計及審計準則逐漸國際趨同化，在這樣的大背景下，國際化思維能夠得到進一步深化，國家「一帶一路」經濟發展戰略不斷踐行，起著引導作用，會計人才的國際化需求度自然迅速得到提升。正因為如此，一系列的現狀剖析、需求分析、路徑探索便應運而生，且正逐步轉向專注國際化會計人才培養的具體研究、實踐研究。

二、會計人才培養在國際化進程中的熱點呈現

通過對期刊成果進行整理歸類，採用「剝洋蔥式」閱讀理解辦法，可以發現中國會計人才培養在國際化進程中的熱點呈現在培養模式設計、學科專業探究、校企合作方式強化等方面。會計行業發展到今天，已經趨於成熟，各類政策不斷細化，具體導向明確，且相關行業法律法規逐步健全。王軍表示，要把握實際，面向未來，重點打造高素質的、具有國際水平的會計人才隊伍。這就使得會計人才國際化發展熱潮湧向各行業。

從區域視角來看，國際化會計人才培養模式有所進化。有學者認為，區域國際化高素質會計人才的需求缺口還比較大，應注重內部培養和外部「引才」機制雙向發展，以後者為主。所以，應立足本土現狀，劃歸會計人才培養機制，使其擁有完備的專業知識並具備綜合素養，進一步專研區域特點，掌握區域生態，盡快滿足會計職業國際化發展需要。黃克鬧提出，經濟發展全球共贏背景促使會計職業朝著國際化方向發展。這要求會計人才應該熟知國際化發展新動向，具備國際風險意識，擅於國際貿易往來並具有國際競爭力。從宏觀層面培養，要不斷更新會計人才培養觀念、培養目標，突出區域國際化和本土化特色；從微觀上培養，要在會計專業課程體系完善上進行創新，使教學方法適應新發展要求，從而提升會計人員德育素質。

從校企合作視角來看，「企業配合」培養模式、「校企聯合」培養模式和「訂單式」合作模式多措並舉為會計人才實現理論和實踐充分聯動提供契機。每一種培養模式都需要充分整合主體資源，利用外部資源，對會計人才夯實理論基礎及

為其提供實踐練習機會做出支撐。但從現狀來審視,高校和企業分別提出了目前國內會計人才培養在定位上滯后經濟全球化發展的需要,會計人才綜合素養與社會需要形成矛盾。究其原因,陳英、林梅等認為一是教學內容多為會計理論基礎知識,對學科前沿資訊解讀不夠,在職業道德素養及實踐能力培養上存在不足;二是教學方式上單一不變,不適應當下會計國際化發展趨勢;三是教學效果上存在歷史原因,國內會計高等教育與國際會計教育是有縫接軌,會計人才在國際上競爭力不強。同時,林靈以英國伯明翰 ACCA 應屆畢業生計劃為校企合作成功藍本,認為以產業或專業(群)為紐帶,推動專業人才培養方案與產業崗位人才需求標準相銜接,使人才培養鏈和產業鏈相融合是中國校企人才培養的重要內涵。

從專業領域視角來看,大會計分支中會計學、審計學、財務管理學專業人才培養模式探索和實踐成為重要研究對象。從學科專業分支出發,人才培養模式探索對教育教學體系完善、課程合理設置、學生實踐能力和創新能力培養等方面有著十分重要的促進作用。美國模式、英國模式和澳大利亞模式為國內涉外會計學專業人才培養提供重要參考。如:在美國「4+0」合作模式下充分引進美國優質教育資源;英國 ACCA 課程聯動模式,深刻詮釋著會計教育「注重學生素質和能力培養」的品牌效應;澳大利亞全方位課程體系滲透模式,更加注重培養學生融合會計、審計、經濟法和財務管理方面的知識和技能。在創新型國際化審計人才培養機制方面,「三個深度整合」「五個審計國際化」的長期有效探索和實踐有助於打通培養審計學專業翹楚的國際化渠道,更快滿足人才定向輸送基本要求。相較於會計學和審計學來說,財務管理學專業側重在校課程學習內容和國際資格認證體系相互耦合,如把國際財務管理師(IFM)資格認證體系順利引入,形成其專業人才國際化培養具體路徑。

三、國際化會計人才培養模式實證分析緩慢起步

中國學者對國際化會計人才培養模式的分析多是從定性的角度,研究人才培養背景、現狀、機遇和問題,提出諸多具有建設性的意見和建議。用實證分析法和文獻綜述法進行研究的文獻十分稀缺。近兩年來,運用文獻綜述方式進行分析也有所突破,以特定高校為例進行實證分析的文獻實現破冰。劉慧慧、陳丹丹充分運用截至 2014 年的 39 篇研究文獻,從「五個分佈」勾勒出學理界對國際化會計人才培養的主要研究現狀。以河南省高校國際化會計人才培養調研現狀為研究基礎,有學者認為其涉外會計專業課程體系特色不鮮明且存在空缺。如學生區分中國的會計準則和 IASB(國際會計準則)、FASB(財務會計準則)存在邊界模糊,

另外有很多高校並沒有開設貿易、投融資、國際結算等相關課程。更有甚者，僅僅將ACCA和CIMA課程體系作為職業資格考試培訓，教學模式沿襲傳統「填灌式」單向模式。針對上述問題，王雪從供需關係出發，分析出國際化會計人才在中原經濟區域內和航空港綜合試驗區建設發展過程中有很寬廣的用武之地，提出了河南省內高校要制定國際化會計人才的培養標準，優化現有的課程體系，加強校企之間的合作與交流，為中原經濟區建設和航空港實驗區建設培養優秀人才，也為中國的會計教育改革提供素材。

在特定高校區域內進行分析，得知有諸多因素阻礙著國際化會計人才定位培養與快速發展。那麼，再從具體培養方式的研究思路來看，結果會怎樣？陳冬等把武漢大學第一屆ACCA專業本科畢業生作為研究對象，對ACCA專業教育與國際化會計人才培養的相關性進行了首次實證檢驗。研究結果表明：ACCA專業有更多畢業生進入國際「四大」事務所、國內「十大」事務所，以及出國攻讀商科碩士學位。這就深刻地印證了ACCA專業教育有助於培養適應國際會計環境的高層次應用型會計人才。承接分析國際化會計人才具體培養方式的接力棒，孫玲以哈爾濱金融學院為例，重點分析了ACCA職業資質與高校國際化會計人才培養的影響。最后提出了通過制訂合理的課程設置方案、打造優秀的師資隊伍、構建成建制班管理模式、注重ACCA學生的正確引導和管理等方式培養在會計專業領域內具有國際競爭力的高級管理人才。

四、結語

縱觀這一階段的學術文獻，不少話題是人們長期以來持續關注的，如國際化會計人才培養模式設計、教育教學課程設置、區域國際化會計人才培養研究等，其探討的主要內容集中在如何培養定位和實踐探索。關注較為明顯的國際化思維、熱點聚焦和實證分析，應視為持續性話題且需要加深研究。國際化思維是方法，其作用具有較強導向力量，能夠為熱點剖析和實證分析提供強有力的支撐。

同時，階段屬性下的培養機制是否真的能夠促進國內會計人才朝著符合國際化發展需要方向發展，依舊需要辯證來看待。從基礎理論研究轉向特定區域內小視域實證探索，需要在未來的國際化會計人才培養相關研究中進行深入研究和探討。

參考文獻

［1］張倩，劉淑花，章金霞，等.國際化卓越會計人才培養定位及模式研究［J］.實驗室研究與探索，2014，33（11）.

［2］陳良柯，王冰.國際化會計專業人才的培養［J］.時代金融，2015（11）.

［3］楊寶，李春華.服務「一帶一路」的高端財會人才培養路徑研究［J］.人才資源開發，2015（12）.

［4］張興亮，崔曉鐘.會計學專業的國際化建設：需求、現狀與路徑［J］.嘉興學院學報，2016，28（2）.

［5］黃克鬧.論區域國際化會計人才培養模式改革的探索實踐［J］.中國鄉鎮企業會計，2015（6）.

［6］陳英，林梅，吳海平.國際化會計人才培養研究——基於高校與企業視角［J］.黑龍江高教研究，2015（10）.

［7］林靈.會計人才校企聯合培養模式研究——以英國伯明翰ACCA為例［J］.商場現代化，2015（22）.

［8］王益明.涉外會計人才培養模式研究：以中美合作會計學專業為例［J］.現代經濟信息，2015（3）.

［9］毛敏，管亞梅.國際化背景下拔尖創新審計人才培養模式的探索與實踐［J］.財會學習，2015（16）.

［10］劉慧慧，陳丹丹.中國國際化會計人才培養文獻研究——基於CNKI（CAJD）數據庫文獻內容分析［J］.江蘇商論，2016（6）.

［11］王雪.探討培養國際化會計人才之路——河南省高校國際化會計人才培養調研［J］.管理觀察，2015（3）.

［12］陳冬，周琪，唐建新.ACCA專業教育有助於培養國際化會計人才嗎？——來自武漢大學的經驗證據［J］.財會通訊，2015（10）.

［13］孫玲.基於ACA特色的高等本科院校國際化會計人才培養問題研究——以哈爾濱金融學院為例［J］.商業經濟，2015（4）.

會計國際化背景下中國本科會計人才培養目標定位

陳倩茹

經濟全球化的進程已經進入深化階段，各國間經濟發展的依存度日漸提高。會計史學家查特菲爾德（Chatfield）曾說「會計主要是應一定時期的商業需要而發展的，並與經濟的發展密切相關」。面對經濟全球化的浪潮和會計國際化不可逆轉的新形式，高校會計人才的培養必須順應時代做出相應的調整和改革。

一、中國本科會計人才培養的歷史與現狀

（一）新中國成立到 20 世紀 80 年代初期

新中國成立后很長一段時間內，財經專業的設立以及人才的培養，主要是根據中國計劃經濟體制的需要而進行的。許多高校設置了以行業或部門為內容的「行業、部門會計」或「行業、部門財務」專業，如「商業會計」「工業會計」「農業會計」等。這樣的專業設置一直持續到 20 世紀 90 年代初。這是在中國高等教育的起步階段，會計法規並不健全和完善的情況下進行的，並沒有會計準則的對外交流和協同，還屬封閉式教育。

（二）20 世紀 80 年代初期到 20 世紀 90 年代初期

隨著中國改革開放政策的實施，中國部分高校會計學專業開始設立西方管理會計、西方財務會計等課程，逐步引入了西方會計理論和會計準則，開始擺脫以行業、部門為特徵的會計專業課程，嘗試按照會計學科的知識體系和知識結構去開設專業課程。后來部分高校根據國家經濟發展的實際需要，又將審計學科從會計學科中分離出來，設立了財務管理專業。這一時期是中國會計教育、會計實務從封閉狀態走出來，並嘗試與國際接軌的萌芽階段。

(三) 20 世紀 90 年代中期至今

20 世紀 90 年代中期，改革開放政策不斷深入。因跨國公司在國內的發展以及經濟全球化的需要，中國必須有通曉國外會計準則的人才，於是一些高校設立了國際會計專業。后因教育部學科專業目錄調整的需要，各高校將國際會計專業歸入會計學專業。人才培養的國際化方向逐步明確，大多數高校在課程設置中增加了西方財務會計知識方面的課程。有些高校開始嘗試與國際上著名的會計執業組織或會計專業認證機構進行合作，將大學本科教育與從業資格的專業教育結合起來，引入國外註冊會計師認證資格考試的相關課程，並使用外文原版專業教材，積極進行教師隊伍的國際化建設。還有一些高校嘗試中外合作的辦學模式。這是本科會計人才培養進一步發展的深化階段。在這一階段，會計國際化與會計教育國際化的特徵逐步顯現，並逐漸成了本科會計人才培養的主流方向。

(四) 新環境對會計從業人員的職業素養提出了新的要求

技術創新、經濟全球化等企業外部經濟環境的變革對會計實務以及會計人才需求產生了積極而深遠的影響。信息技術的發展消除了傳統交易模式信息處理時間與地點的約束。經濟全球化及跨國公司的發展對會計準則提出國際趨同甚至等效的要求，同時會計的國際趨同又促進了各種要素資源的全球流動，從而加速了全球化競爭。經濟社會的變革要求會計職業的角色功能做出必要的改變和重新定位——會計職業領域從傳統的記帳、算帳、報帳，拓展到內部控制、投融資決策、企業併購、價值管理、戰略規劃、公司治理、會計信息化等更高端的管理領域，執業重心由傳統的財務會計向管理會計傾斜。

環境的變化對會計人才的知識和能力衍生出新的要求。會計信息對業務的綜合判斷和輔助決策作用日益增強，會計師在組織決策、戰略判斷等管理活動中的參與度逐步提高。這就需要進入會計職業界的個人具備戰略管理、組織文化等方面的知識，擁有良好的職業判斷、信息分析和溝通能力。會計國際化的必然趨勢要求會計人才熟悉國際市場規則和會計準則，具備跨文化溝通能力和國際視野。

從中國的實際情況來看，眾多的跨國公司、外資企業在中國的分公司、辦事處等機構需要一批懂管理、精業務、跨文化的國際會計人才。同時，越來越多的中國企業逐步開展了國際化經營。這就要求企業必須按照國際慣例處理會計業務。這類國內企業也需要大批適應國際經濟新環境的國際會計人才，為其參與國際競爭提供有效支持。

二、國內本科會計人才培養目標現狀

（一）國內高校的會計人才培養目標列舉

對外經濟貿易大學本科會計的培養目標是「旨在培養具有會計職業道德和社會責任感的，熟悉國際會計慣例和相關法規，具備會計、財務、審計、稅務以及企業管理等方面的專業知識和能力，擁有實務操作能力以及創新意識，具備跨文化溝通能力和團隊協作精神，能在企事業單位、會計師事務所以及政府部門等各類單位從事會計、審計、財務管理等各方面工作的國際化、複合型高素質專門人才」。

中國人民大學商學院的使命是「立足中國發展實踐，培養世界級管理人才，推動組織與社會進步」，培養理念是「注重培育學生的社會責任感及對於國家和民族的認同感，關注學術前沿，拓展學生視野，致力於培養具備複合型知識體系與能力的、有著健康身體與心智的傑出人才」。

上海財經大學會計學院的人才培養理念是「為社會培養德、智、體全面發展的應用型、複合型、外向型的高級會計和財務管理人才」。

從現有可以查找到的資料來看，國內高校在本科會計教育的培養目標確定方面情況差別比較大。有的學校較為詳實、具體，有的學校則比較籠統、含糊；有的學校側重「專門化」，而有的學校並沒有明確的培養目標的相關闡述。

（二）國內關於本科會計人才培養目標的研究

因中國職業團體發展及其建設起步比較晚，國內對本科會計人才培養目標的研究還集中在學術界，近幾年才開始逐步重視來自職業界的意見和建議。總體來說，國內對會計人才的培養目標經歷了一個由「專才」到「通才」的發展變化過程。新中國高等教育發展初期，也是中國計劃經濟體制的建立時期，按行業劃分的會計實務使會計人才的培養完全依照行業進行設置。隨著經濟體制的改變和改革開放的深入，高校會計教育引入了西方財務會計的相關理念和體系，即人才培養主要以培養具有財務知識和相關技能的「會計專門人才」為主。全球競爭的深入和會計職能的豐富，使得一些高校和學者們認識到了外部環境對會計教育提出的新的要求，從而進行通才教育的理念逐步被提出。

湯湘希（2002）認為，衡量會計專業本科教育質量的水平，不能局限於學生掌握了多少會計方面的知識，更重要的是學生畢業後是否具備在複雜的工作環境中靈活運用這些知識的能力。孟焰、李玲（2007）認為，中國目前各高等院校在會計專業教育中，過分強調專業化程度，不注重提高知識結構的通用性。學生對

經濟學和管理學等商學類的基礎課程重視不夠，很難從經濟學、管理學等角度審視和理解會計，從而難以將會計與相關知識結合起來應對更為複雜的職業需求。劉永澤（2010）認為，為了提高會計人才的素質和國際競爭力，應該樹立「塑造國際化、高素質、應用型的複合型會計人才」的總體目標，和「按社會需求和精品戰略改造傳統學科」的理念。陳紅（2010）認為，要培養學生具有適應全球化需要的綜合素質，具備在複雜環境下從事會計工作的能力，培養具有全球視野、熟悉國際會計準則和慣例、具備國際交往和國際競爭能力的國際會計人才。易玄、劉冬榮（2012）認為，本科會計教育應該培養具備公司治理、資本營運、風險管理以及現代金融知識與信息化技術，且具有國際化視野和開拓創新能力的高級複合型會計人才。

綜上所述，教育界對於會計本科人才培養目標的研究和確定都趨向於「複合型」「綜合化」以及「國際化」的發展方向。

（三）改進中國本科會計人才培養目標的建議

教育部高等學校工商管理類學科專業教學指導委員會（2010）編寫的《全國普通高等學校本科工商管理類專業育人指南》中指出「可將會計學專業、財務管理專業本科的人才培養目標設定為培養德、智、體、美全面發展，適應社會發展需要，掌握經濟管理基本理論、會計和財務管理的專門知識，基礎紮實，知識面廣，能夠從事會計、審計和財務管理及相關領域工作，具有一定專業技能和富有創新精神的高素質人才。這樣的高素質專門人才，應該具有複合型、外向型和創新性的基本特徵」。

教育部教學指導委員會的這一關於中國本科會計人才培養目標的指導性意見是與目前經濟發展、會計國際化以及會計實務發展等實際需要相符合的，也明確了「塑造國際化、高素質、應用性的複合型會計人才」的總體目標。

具體到每個辦學單位的培養目標的定位上，本文認為，因為學校之間的規模、辦學理念、辦學條件等諸多方面存在差異，所以可以在教育部教學指導委員會提出的總體目標的指導下，根據學校的實際情況，提出適合自己的人才培養目標。有以下幾點原則可供借鑑：

1. 以社會需求為主要導向

會計史學家查特菲爾德（Chatfield）曾說過「會計的發展是反應性的，會計主要是應一定時期的商業需要而發展的，並與經濟的發展密切相關」。所以人才培養的目標要與不斷變化的社會需求相適應。

2. 培養目標的制定要有一定前瞻性

培養目標在人才培養的整個過程中具有引領、指導培養實踐的作用，有很強

的導向性；培養目標制定之後在一定時間內不易變更；人才培養又需要一定的時間來完成。故培養目標的制定要有前瞻性，能預測到人才培養完成后一段時間內社會的實際需求。

3. 與學校實際情況相結合，體現學校的辦學定位與特色

各學校在制定自身的培養目標時，要考慮到學校的辦學條件、辦學理念等因素，與學校的辦學定位相結合。如綜合性大學的會計專業在通才、複合型人才的培養方面可能更有優勢，而財經類院校則可在專門人才培養方面發揮特長。

4. 堅持「厚基礎、寬口徑、國際化」的基本原則

本科會計教育究竟是「大眾化」還是「精英化」，是培養以傳授會計實務為主的「應用型人才」還是培養以會計理論知識構建為主的「研究型人才」？在這些問題上各方還未形成共識，各高校在教育實踐中也各有側重。就人才培養層次來看，本科教育下層有專科、高職等職業技術教育，上層有碩士研究生、博士研究生培養；就學生畢業去向來看，既有進入職業界從事實務工作的，也有選擇繼續深造研究的。故本文認為，會計本科教育應該是實務與理論兼顧，注重培養學生的職業素養、職業道德、綜合素質。會計本科教育應該是能為學生未來發展打下厚實基礎的教育，而不是在學生入學時就代替他們做出職業生涯發展方向選擇的教育。

同時，基於經濟全球化、會計國際化不可逆轉的趨勢，本文認為，國際化會計人才培養是必須堅持的原則。這裡的「國際化會計人才」並不是指學生畢業后一定要進入跨國公司工作，而是指要培養具有國際視野和優秀的跨文化溝通能力、通曉國際會計準則的會計人才。事實上，隨著全球競爭的深化，無論是外國企業還是國內企業，都需要這樣的國際化人才。在很多方面國界的概念已經逐步淡化，而會計國際化的深入會使各國的會計教育逐步等同於「國際化會計教育」。

參考文獻

[1] 湯湘希. 會計教育改革研究 [M]. 武漢：湖北科學技術出版社，2002.
[2] 教育部高等學校工商管理類學科專業教學指導委員會. 全國普通高等學校本科工商管理類專業育人指南 [M]. 北京：高等教育出版社，2010.
[3] 聯合國教科文組織國際教育發展委員. 學會生存——教育世界的今天和明天 [M]. 上海：上海譯文出版社，1979.
[4] 張新民. 國際化管理學精英人才培養模式研究 [M]. 北京：企業管理出版社，2012.
[5] 孟焰，李玲. 市場定位下的會計學專業本科課程體系改革——基於中國高校的實踐調查證據 [J]. 會計研究，2007（3）.
[6] 易玄，劉冬榮. 環境變遷、需求變化以及大學教育改革——來自中國大學生的實證 [J]. 湖南科技大學學報：社會科學版，2012（7）.

高校會計教學引入國際執業資格教育的實踐與思考
——以重慶工商大學融智學院 ACCA 成建班教學實踐為例

李 倩

隨著經濟全球一體化進程的深入，中國經濟發展客觀上需要大批具有國際化視野和通曉國際慣例的新型國際化會計人才。在中國會計行業的國際化發展、會計準則與國際慣例協調的大時代背景下，中國高校本科教育的國際化發展已是大勢所趨。更新會計專業的教育理念、調整會計人才的培養戰略是中國會計教育國際化的必由之路，同時對推動會計學科的國際化建設與可持續發展、培養大批適應市場需求的複合型國際會計人才具有重大的現實意義。

一、會計國際化是中國經濟發展的必然社會需求

「國際化」的對應英文為「Internationalization」，有「在各國共同相互作用下」的含義；「會計國際化」是指會計實務從一國範圍內跨越國界而走向全世界，這當然也導致對會計實務和理論研究在視野上超過國界而放眼世界（常勛，2003）。

（一）會計國際化是經濟全球一體化的產物和要求

會計是經濟活動的通用語言，企業利益相關者和投資者通過對財務報告的各種分析和解讀可獲得他們決策中所需要的重要信息。但財務報告在不同國家間表現的多樣化會給會計信息的獲取和比較帶來難度和問題，更重要的是會影響不同國家投資者尋求最佳的投資機會，影響各個國家的公司尋求最有效的融資方式。因此，為了在克服這種障礙的同時實現本國的利益，吸引更多的國際資本，提高

本國在國際上的金融地位，減少籌資和投資風險等，世界各國需要這種經濟活動語言的趨同一致，會計國際化成為經濟全球一體化的產物。

（二）會計國際化為各國會計準則的趨同

會計國際化主要體現在會計準則的趨同。會計準則是會計人員從事會計工作的規則和指南，也是資本市場的游戲規則和國家經濟法規的重要組成部分。在經濟全球一體化的環境下，會計這種經濟活動通用語言的不一致成為阻礙國際資本市場發展的因素。為消除這一因素，各國開始進行會計準則的協調。這樣可以增強國家間財務報告的可比性和可理解性，適應不斷提高的資本市場國際化，解決各國證券監管面臨的許多會計和財務報告方面的問題。

（三）中國經濟發展客觀需要會計國際化

隨著中國市場經濟和資本市場的日趨完善，國內資本市場中的投資者、各種會計信息使用者和監管機構對會計信息的質量、透明度和會計準則的趨同提出了更高的要求，會計的國際化協調成為中國經濟發展的必然選擇。會計國際化協調可以減少資本市場的交易成本和編報成本，降低中國公司到境外籌資的成本，在增加中國公司會計信息的有用性、可比性和可理解性的同時提升了會計信息質量對國外投資者的吸引程度，更加有利於中國資本市場的健康發展，符合中國經濟發展的客觀需要。

隨著中國改革進一步深化和市場的主導地位進一步確立，中國越來越多的企業從事國際化經營、跨國信貸和跨國併購等業務，必須有新型國際會計人才為其參與國際競爭提供有效的支持和安全保障，所以目前中國市場新型國際會計人才的稀缺已成為中國業界的共識。

二、對中國高校會計教育國際化的基本認識

會計教育國際化是隨著會計國際化的發展而發展起來的。董必榮（2012）提出，會計教育國際化的核心應該是要把國際的教育理念和方法引進來。會計教育國際化包括會計教育理念、人才培養目標、課程體系、教學方法和師資隊伍建設等多方面的國際化，其中會計教育理念的國際化是核心。

（一）國際化會計人才培養目標的定位

中國在《國家中長期教育改革和發展規劃綱要（2010—2020年）》中強調，

重視培養具有國際視野、通曉國際規則、能夠參與國際事務和國際競爭的國際化人才；本科教育要更加重視培養應用型和複合型人才。教育部高等學校工商管理學科專業教學指導委員會在 2010 年編寫的《全國普通高等學校本科工商管理類專業育人指南》中指出，會計學及財務管理專業本科人才的培養目標定位是培養適應社會發展需要，會計財務專業知識基礎紮實、知識面廣，能夠從事會計、審計和財務管理及相關領域工作的高素質複合型人才。

(二) 國際化會計課程體系設置

現在國內高校雖然已經對本科階段的通識教育達成了共識，但在具體理解以及課程體系和比例設置上同國外高校相比仍然存在很大差距，也缺乏對通識課程在塑造人和培養人的能力等方面的深刻認識。國內高校會計人才的培養目標基本定位在培養「國際化、高素質、應用型複合人才」上。在堅持「厚基礎、寬口徑」的基本原則下，本科教育在課程設置結構比例上還是略偏重會計專業課程。以會計學科列全國第一的廈門大學和在國內會計學界享有盛譽的上海財經大學為例。廈門大學本科會計專業課程比例結構（總學分164）：通識類課程和學科基礎課程占總學分比例的 54.87%，會計專業方向課程占 31.7%。上海財經大學會計專業（總學分169）：通識類和學科基礎課程占58%，會計專業課程占26%。與美國在會計專業著名的德克薩斯大學奧斯丁分校和伊利諾伊大學香檳分校相比，它們對通識類課程和學科基礎課程的重視程度還不夠。

(三) 國際化會計教學方法

會計教育理念會直接決定不同教學方法的採用。注重培養做人的教育理念往往不會對學生的思維設限，多側重於用啟發式教育和課堂討論、小組討論等互動方式激發學生積極思考、主動參與的熱情，通過老師的引導讓學生自己得出問題的結論。而這個思考的過程至關重要，學生往往對通過自己思考得出的答案比複製式背的答案記得更久、更牢固。

(四) 國際化會計專業教材建設

目前中國高校在會計專業教材的國際化建設上主要以直接引進國外高校教材或國外會計執業資格證書課程教材為主，配套一些簡單的自編輔助性教材，所以在高校內存在中文教材和外文教材兩種互不相容的教材體系。

三、國際會計執業資格教育與
高校會計教育國際化

既然中國經濟的發展客觀上需要會計國際化，解決會計國際化問題的一種方式是培養新型的國際會計人才。那麼在當前的情況下，中國應該如何培養新型國際會計人才呢？中國財政部副部長王軍指出，要進入國際市場，必須取得一張得到國際資本市場認可的「通行證」，參加並通過境外執業資格考試是取得相關國家市場認可的便捷渠道。會計人才要通過取得境外會計師資格，成為能夠在世界性證券交易市場中為全球範圍內企業簽發審計報告的國際化人才。劉永澤教授（2010）認為，在會計教育國際化中應以培養「國際化、高素質、應用型複合人才」為目標，「國際化」的表現之一就是取得ACCA、CGA等國外有影響力的會計認證資格，並以引入國外原版教材和採用雙語教學等措施來實現國際化。

在對會計國際執業資格證書考取的過程中，會計人員既有機會學習、瞭解和掌握國際上會計業務處理的方法、國際通行的慣例，同時在考試通過後還可獲得進入國際資本市場的敲門磚，從而贏得更加廣闊的事業發展空間。

四、融智學院國際會計方向班
引進國際會計執業資格的實踐

在中國高校本科教育與國外會計執業考試教育相結合的實踐道路上，各個高校也在不斷地總結經驗，摸索前行。兩套體系在嫁接融合的過程中，有衝撞也有互促互進。通過對國外會計執業考試課程的引進和教授，我們看到中國本科會計教育體系存在的不足；但與此同時，本科教育體系的優點也彌補著執業資格考試課程的缺陷。本文主要以重慶工商大學融智學院ACCA班的教學實踐經驗為啓發，探討在中國高校本科教育與國外會計執業考試相結合的過程中出現的問題和解決方案。

（一）融智學院引入ACCA執業資格教育的具體做法

會計學專業ACCA項目教學班為4年制，將14門核心課程納入會計學專業課程。14門核心課程全部採用英文原版教材，中英文授課，採用全英文考試。課程教師均為ACCA持證、具有豐富ACCA教學經驗的中外籍教師。ACCA項目教學班

所有學生必須參加ACCA全球同步考試，實行嚴格的選拔、淘汰考試和認證，從而達到學生受益、家長滿意、社會認可的效果。

凡通過全部14門核心課程學習和考試者（50分合格，滿分100分），可獲得ACCA執業資格證書；通過課程前9門考試的學生，並提交一篇5,000字的英文論文及一份2,000字左右的主要能力陳述書，就有機會獲得英國牛津布魯克斯大學應用會計理學學士學位；修完規定學分，即可獲得重慶工商大學融智學院會計學本科畢業證書和學士學位。

將對學生的培養目標分為兩個層次。第一層次培養目標：取得重慶工商大學融智學院本科學歷、管理學學士學位及ACCA單科合格證。第二層次培養目標：取得ACCA執業資格證書。

（二）融智學院在國際會計執業資格教育實踐中的經驗

1. 課程分值構成採用多項評價機制

通常高校單科成績的計算方法普遍為平時成績（包括考勤）和期中成績占總分的30%，期末成績占70%。這種評分體制最大的弊端是對學生的學習成果考察不夠科學全面，而且極易使學生形成「平時不學習，考前臨時抱佛腳」的壞習慣。而目前融智學院的授課老師可以根據課程的特點自由地讓學生做一些實踐性作業，比如實踐報告、調研報告或小組討論、辯論等，目的是充分調動學生的學習熱情和積極主動性，鍛煉學生創造性思維能力、探知能力，以及歸納總結、分析、判斷、解決問題的能力。這種多項評價機制不僅能夠對學生的綜合能力和學習效果做出相對公正的科學評價，而且使學生可根據分值比例自覺管理自己的時間和學習，有利於引導學生整個學期中在各個學習環節上保持一貫良好的學習狀態，這樣才有可能在最後取得較好成績。演講和課程創新的設置在於鼓勵學生把每一門課的知識學活、用活，並在課本理論基礎上不斷積極延伸、探索該領域最新的知識。

2. 培養學生國際化會計實踐能力

中共中央、國務院在2010年頒布的《國家中長期教育改革和發展規劃綱要（2010—2020年）》中指出，要重視培養具有國際視野、通曉國際規則、能夠參與國際事務和國際競爭的國際化人才；本科教育要更加重視培養應用型和複合型人才。財政部在《會計行業中長期人才發展規劃（2010—2020年）》中提出，要加大應用型高級會計人才的培養，以適應經濟社會發展對高素質應用型會計人才的需求。會計作為一門實踐性、應用性很強的綜合學科，更加需要具備實踐能力的國際化複合型人才。

在ACCA的教育中融智學院突出會計實踐教育創新性、應用性的培養。根據學

生的反饋信息來看，學生普遍認為在專業知識能力、專業工作能力、專業態度能力、專業經驗能力、專業道德能力、專業創新能力、國際化能力等方面有很大的提高。

3. 採用原版英文教材，推行全英文授課

融智學院對ACCA會計班的國際會計執業課程，採用原版英文國際會計執業課程教材。教材的編寫理念體現著國外教育在會計應用階段側重具體實用的邏輯思維。

國際會計執業證書課程採用全英文授課或雙語教學，會使學生在對專業知識理解的同時，培養和鍛煉以英語來思考的能力。因為國際會計執業考試採用英文出題，如果學生在平時專業知識學習的過程中養成用英語的邏輯來思考問題的習慣，學會輕鬆自如地用英語來表達自己的觀點，那麼在這類國際考試當中就不會遇到有觀點和想法但卻用英語表達不出來或表達不準確的尷尬局面。

同時，會計國際化並不僅是會計準則的國際趨同及會計知識用英語理解和掌握，在會計國際化背景下的新型會計人才還需要有對不同文化和價值觀的理解、對不同政治和經濟環境的瞭解，也要具有國際化思維方式、跨文化交流的能力和包容能力。學生使用英文原版教材學習國際會計執業資格課程，能在科學知識體系的學習中瞭解在一定的政治、經濟制度下不同文化中的思想方式、行為和價值觀、邏輯思維和管理思維，拓寬國際化視野，培養國際化思維方式，提高文化包容能力和英語交流能力，同時在世界經濟環境日益變化中，增強對外部環境迅速反應和適應的素質。

4. 師資隊伍建設中的經驗

融智學院ACCA會計班的任課老師90%由具備海外碩士及以上學歷的教師擔任，所學專業主要為會計、金融、貨幣銀行和MBA等，年齡結構全部在27～36歲。從教師的專業構成來看，他們具備教授國際會計執業資格證書的條件；從年齡結構來看，他們均為中青年教師；從師資隊伍的整體水平來看，教師掌握比較新的專業知識，英語能力強。這些任課老師因為受海外學習經歷影響，在教學中會模仿國外老師的授課方式和風格，相對較好地將國外教學方法融入課堂教學中。

在已有專業背景的基礎上，融智學院為使老師能更好地瞭解和掌握國際會計執業資格證書教學方法和技巧，每年組織老師參加ACCA和CIMA舉辦的培訓課程，用以不斷提高老師在國際會計執業資格證書上的教學水平，並積極鼓勵老師親自參加國際會計執業資格證書考試。

由於會計國際執業資格教育在大學本科教育階段的實踐還在進行中，後續還不斷會有新的問題湧現出來。實踐經驗只以重慶工商大學融智學院ACCA的教學經驗為切入點，對其他高校的會計教育國際化改革缺乏一手資料，調查不足，對各

高校會計教育國際化具體實踐情況的差異缺乏調查、瞭解和分析，這些問題都有待於今后隨著實踐的深入以及與其他高校的進一步交流繼續加以思考。

參考文獻

［1］馮淑萍. 關於中國當前環境下的會計國際化問題［J］. 會計研究，2003（2）.
［2］馮淑萍，應唯. 中國會計標準建設與國際協調［J］. 會計研究，2005（1）.
［3］常勛. 解讀國際會計協調化［J］. 會計研究，2003（12）.
［4］劉永澤，孫光國. 中國會計教育及會計教育研究的現狀與對策［J］. 會計研究，2004（2）.

基於激發學生興趣點和認同度的可視化財會類課程建設探索
——以財務會計課程為例

李 倩

一、財務會計課程的現狀分析

1. 教學內容多，教學時間有限

財務會計學課程詳細介紹了各會計要素及具體經濟業務的確認、計量和報告的基本理論、方法和技能，它是基礎會計學課程和后續其他專業課程學習的紐帶和重要環節。大多院校將這門課程安排在第二學期上。新頒布的《企業會計準則》規定了 41 個具體會計準則，這些準則涉及內容多、知識點瑣碎。要在較短的教學時間內完成大量的教學內容，不僅教師們的工作量比較大，而且學生也普遍反應課程內容多、講得快、消化慢。

2. 教學內容零散又複雜，學生在短時間內難以理解

財務會計學課程涉及大量的經濟業務，這些經濟業務按照六大要素的順序依次講授，從形式上看，這些教學內容比較系統、有條理。但從學生的角度看，要素分割明顯，從具體的經濟業務到財務報表的編製，學習起來難度較大，尤其在學習大量不同經濟業務帳務處理的時候，很難做到把零散的知識靈活熟練地運用，難以達到財務會計學課程的最終要求，甚至會產生認為財務會計學的學習就是編製會計分錄的狹隘思維。

3. 理論教學仍占大部分教學時間

雖然應用型的本科教育一直強調實踐教學的重要性，但財務會計學課程的教學由於各方面的原因，未能真正做到理論和實踐教學緊密結合。財務會計學課程的教學仍以理論教學為主，而實踐教學往往以單獨的課程安排在財務會計學課程結束之後，這實際上並沒有充分發揮實踐教學對理論教學的促進作用。

為了改變這種現狀，激發學生的興趣，提高學生的認同度，從「要學生學」轉變為「學生要學」，我們在探索課程改革中，利用慕課、遠程課程、數字資源等多方式、多手段來進行課程的改革，努力探索可視化的課程建設。

二、可視化課程建設的原則

基於激發學生興趣點和提高學生認同度的可視化課程建設，其建設原則——以學生為中心，必須是一個不可動搖的原則。可視化的課程要想達到理想的使用效果，必須滿足兩個基本條件——有用和有趣，否則無法有效維持學生的注意力。所以，課程建設的核心原則必須是以學生為中心。偏離這個中心，課程資源就很可能重複「建設—閒置—浪費」的命運。

在可視化的課程建設中「以學生為中心」有三層含義：

1. 在視聽傳播的設計上，要用學生的眼睛看畫面，用學生的耳朵聽聲音

受傳統教學模式的影響，很多教師在進行授課時會習慣性地站在自己的角度看問題，沒有認真分析：學生需要看到什麼？學生需要聽到什麼？沒有充分考慮學生的學習需求和視聽感受。

首先，從內容上看，學生在課程中最需要得到的信息是知識、技能本身，他不需要看到完整的教學活動過程。因此，並非教學內容的一些因素和環節，如教師個人形象、課堂提問、小組討論乃至學習競賽等傳統課堂教學環節，是完全可以省略的。慕課或可視化的課程資源並不是課堂錄像的微縮版，更加不是視頻公開課、示範課、精品課。因此，可視化的課程資源不需要展示教學活動過程，只需要展示教學內容本身。

其次，從畫面和聲音的製作方面，要學會用學生的視角看畫面，用學生的耳朵聽聲音。比如，在拍攝實驗操作、填寫憑證、登記帳簿等內容的鏡頭時，一定要從方便學生觀察、模仿、學習的角度拍攝，順著學生的視角採用俯拍、同側拍等方式製作畫面。畫面要重點呈現學習內容，而不是呈現老師或者教學活動全景。同理，聲音的製作要讓學生聽得清楚，感覺舒服，注意背景音樂可控等。

2. 在教學思路的設計上，要根據學生的思路展開教學

一個好的可視化課程，要善於分析教學對象的特點，用學生看問題的思路來引領教學內容的組織。比如，問題解決思路就是一種常用的設計策略。學生學習的目的是解決問題。微課可以結合學生的興趣點、疑惑點、困難點把教學內容分解為一系列小問題，順著學生的問題思路展開內容講解，一步步引領學生深入學習。此外，還可以靈活使用歸納總結、聯繫對比、案例分析、邏輯推理等設計思路。總

而言之，要善於分析教學對象的特點，按照學生的思維重組知識呈現順序，真正做到在教學思路上「以學生為中心」。

3. 在心理感受上，要有面對面輔導的親切自然感

可視化的課程並非傳統課堂教學搬家，也不是課堂授課的微縮版，而是一種能夠提供「一對一」個性化教學服務的資源和工具。這是我們的可視化課程區別於其他教學資源的重要特徵之一。可汗學院的微課之所以受到人們的廣泛歡迎，是因為可汗學院的教學信息處理和呈現手段非常簡單，僅僅利用了一個手寫板。微課真正吸引人的地方在於教師對教學內容的熟練駕馭，在於教師充滿人情味的耐心講解，在於透過語言信號傳遞出來的親和力、感染力。當前，很多老師在製作可視化課程資源時容易忽視心理感受問題。教師在錄制可視化課程資源時不注意調整自己的感覺，還是停留在上集體課、公開課、示範課的場景，聲音會不自覺地變得生硬、呆板、不自然，讓人感覺像是大會發言或新聞廣播。也有部分教師不習慣對著計算機講課，找不到對人講話的感覺，因此語音缺乏自然感、親和力，無法在情感上傳遞出和諧的旋律。真正以學生為中心的可視化課程資源，是「我在你面前，我為你講解」的感受。有了這樣的情感基調，可視化課程資源的製作才容易取得成功。

三、財務會計學可視化課程的教學策略分析

「所謂教學策略，是在教學目標確定以後，根據已定的教學任務和學生的特徵，有針對性地選擇與組合相關的教學內容、教學組織形式、教學方法和技術，形成的具體的特定教學方案。」（袁振國，1998）任何一項教學活動的開展都離不開教學策略，恰當的教學策略是有效達成教學目標的重要保障。在可視化課程資源的設計中，策略選擇是核心環節，能夠直接體現出教師的教育理念、教學技巧乃至教學智慧和創意。要正確選擇教學策略，首先必須清晰地瞭解微課教學的特點。

第一，從教學內容的性質看，經由可視化課程資源傳授的教學內容本質上屬於間接經驗，學生的學習是一個接受間接經驗的過程；第二，從信息傳播的角度看，可視化課程資源的信息流動基本上是單向傳遞，學生處於被動接受地位，教學過程缺少雙向互動；第三，從學習者的角度看，學生利用可視化課程資源進行自主學習，具有獨立的選擇權和決定權，教學必須能夠契合、滿足學生的需求，才能達到理想的教學效果。

從可視化課程資源教學的特點分析可知，可視化課程資源教學本質上屬於有意義接受學習的範疇。由於可視化課程資源教學是一個經由視頻向學生單向傳遞教

學信息的過程，而且學生具備較大的主動權，所以教學的策略要重點放在激發學習興趣和促進有意義學習的發生這兩個關鍵點上。根據有意義接受學習理論、學習動機相關理論，結合視頻媒介傳播的特點，微課教學可以重點借鑑以下三種教學策略：

1. 先行組織者策略

先行組織者是教育心理學家奧蘇貝爾提出來的重要概念，指先於學習任務呈現的一種引導性材料，比學習任務本身具有更高的抽象、概括和包容水平，能夠起到把學習任務與學生認知結構中原有的觀念相關聯的作用。先行組織者可以分為說明性組織者和比較性組織者兩類。其中，說明性組織者一般是當前學習內容的上位概念，具有統攝、概括、包容當前學習內容的作用。作為一種教學策略，先行組織者應用的方法是：先呈現先行組織者，再呈現新的學習內容，最后梳理清楚當前內容與原有認知結構的關係，促進新舊知識融會貫通。在微課的設計中，可以充分利用視頻信息可視化的特點，盡可能地把教學內容的知識結構可視化，方便學生理解。當學生能夠順利利用自己原有的知識體系理解、消化新的學習內容時，容易產生學習的成就感和滿足感，使愉悅的學習體驗伴隨有意義的學習得以發生。

2. 基於問題的教學策略

提出問題是學習的開始，解決問題是學習的最終目標。在自主性學習中，解決問題往往是學生最主要、最直接的學習驅動力。在可視化課程資源設計中，巧妙地提問可以有效激發學生的學習興趣，同時還能夠統領學習內容，引導學習思路。在可視化課程資源中，提問、分析、回答問題的過程，就是知識傳遞的過程。

基於問題的教學策略容易操作，教學效果好，設計的關鍵點在於找準問題的內容以及提問的方式。一般來說，問題的內容最好處於學生學習的「最近發展區」，難度適中，經由可視化課程資源能夠順利解決。過於簡單或者過於複雜的問題都不容易激發學生的興趣，有時甚至會起反作用；同時，提問的切入點要盡量結合實際，不要單純從知識的角度提問題，比如結合社會現象、生活實踐、學習需求、思想動態等角度來提問，這樣的問題不枯燥、不呆板，容易激發和維持學生的學習興趣。如果一個可視化課程資源中有若干問題，要注意問題的內在邏輯關係，巧妙地起承轉合，讓課程成為一個有機整體，而不要被問題分割成幾個獨立的部分。

3. 情景化、案例化、故事化的教學策略

建構主義學習理論認為，發生在真實情景中的學習是最好的學習，學習不應該與現實脫節而應該與現實緊密關聯。教學實踐也證明，與真實情景相關聯的學習內容容易引起學生關注，注意力維持時間較為長久。學生都喜歡聽故事，所以在微課中使用情景創設、案例分析、講故事的策略能夠有效地吸引學生的關注。

值得指出的是，可視化課程資源是以視頻為載體的，而視頻非常適合用於創設情景、展示案例、講述故事。很多教學內容都適合使用情景化、案例化、故事化的策略。比如，填製和審核憑證、納稅申報、編製報表等。在某種意義上說，幾乎所有的教學內容（人類經驗）都可以在現實生活中找到發生的情景，只要教師用心設計是不難找到教學內容與現實生活的關聯點的。

　　以上三種策略是可視化課程資源教學設計中常用的策略。但教學策略的選擇並非一成不變，教師可以根據具體情況合理搭配、靈活使用。策略和方法本身充滿了創造性，有無窮變化的可能，一個富有教育激情和教學智慧的老師更加容易因地制宜、因材施教，設計出受學生歡迎的微課。正如焦建利老師所言：「教學設計、創意和教師的教學智慧才是可視化課程資源設計和開發真正重要的東西。」

參考文獻

［1］嚴冰.開放大學的教學學術與學習資源設計［J］.中國遠程教育，2011（8）.
［2］郭曉溶.終身教育理念下學前教師繼續教育課程建設研究——以「學前教育政策與法規」為例［J］.中國遠程教育，2013（7）.
［3］陳敏.基於學習元平臺的開放共享課設計與應用研究——以「教育技術新發展」課程教學為例［J］.開放教育研究，2013，19（2）.

淺議高校國際化會計人才的培養

魏曉華

隨著中國經濟全球化的深入發展,企業跨國經營、資本跨境流動日益頻繁,迫切需要一大批國際化會計專業人才。既熟悉國際市場規則、又懂國內法律法規的高素質複合型會計人才供不應求,尤其是熟知國際會計準則的人才嚴重短缺。社會對高層次、國際化會計人才需求缺口很大。中國已提出要以會計國際化為大背景,提高會計從業人員素質,加快國際化會計人才培養。因此,在中國經濟不斷全球化的進程中,有必要對中國高校會計專業學生的國際化培養進行探討。

一、目前中國高校會計人才國際化培養存在的主要問題

(一)人才培養模式存在的問題

很多高校為了更好展示本科辦學特色,紛紛對國際化人才培養模式進行探索和實踐,主要有以下模式。它們雖然取得一定的成果,但還是存在一些問題。

1. 輸送國外就讀

此模式是直接將學生送境外就讀。這種方式雖然能夠迅速培養國際化人才,但是存在兩個問題:第一,對學生而言,經濟壓力較大;第二,對學校而言,並不能提升學校的國際化水平;第三,國際化人才培養成為少數人的游戲,大部分經濟能力較為普通的學生無法參與其中。

2. 學分互認或者交換生項目

此模式為當前最為常用的國際化方式。很多高校都有與境外大學進行交換生或者學分互認項目,但所存在的問題也很明顯,如大部分的交換生項目只是單向流動,也就是國內學生交換到國外就讀,幾乎沒有國外的學生交換到國內。雖然這樣能夠為有條件的學生提供更為廣闊的深造平臺,但並不能提升國內院校的國際化水平。

3. 教師到國外進行訪問交流

教師到國外進行訪問交流，雖然能夠很大程度上提升教師的學術及外語水平，但是一般只是提升學術方面的能力，對教學技能的提升非常有限，也難以全方位提升對國內學生的國際化培養水平。

(二) 人才培養方案存在的問題

1. 培養目標不明確

目前，大多數本科院校對於會計人才的培養目標過於空泛，例如「培養全面發展的國際化會計專門人才」。由於缺乏具體的標準，這樣的目標難以得到具體的執行。會計人才培養有不同的層次，從本科會計教育到碩士、博士的培養，各層次的目標並不一樣。即使是在本科層次的會計教育中，是培養會計專才還是通才，是重理論還是重實踐，都是有區別的。但很多高校的會計專業培養目標並沒有對這些細節進行具體規定。這種空泛的培養目標，常導致學生在畢業後眼高手低、應用能力差。

2. 課程體系設置不合理

目前，高校會計專業的課程體系存在一定缺陷。首先，在課程設置方面，涉及國際化的課程不屬於必修課的範圍，而且學時較少。這就導致教師難以在有限的課時內對國際化的課程內容進行詳細的介紹。而核心課程往往是以國內企業的業務實例為主，很少涉及國際業務。其次，缺乏非會計類的經貿管理類課程，像國際經濟貿易、國際商務談判、國際金融、跨國公司管理等與國際經貿密切相關的非會計課程並未被納入課程體系。這樣的課程體系對應的知識結構不符合目前社會上對通曉國際會計理論與實務會計人員的要求。這樣的課程體系設置導致學生缺乏對國際業務的瞭解，難以具備國際化的視野。

3. 忽視能力教育

與其他大部分學科不同，會計的操作性非常強。目前各高校會計專業教育儘管都很注重對專業知識的講解，卻往往輕視對學生的實踐應用能力的培養。雖然不少高校的會計專業會開設一兩門實踐操作類課程，但實踐課程注重考核帳務處理的規範性和正確性，一般只要求學生掌握會計基本操作技能，與實務中的操作往往有較大差距。

(三) 教學方式存在的問題

目前在中國高校會計人才培養過程中還存在傳統灌輸式的教學方法、以教師為中心的教學方式，這樣的教學方法難以激發學生的積極性，不能做到因材施教，反而會制約和阻礙學生的發展。此外，國際化人才需要具備國際化視野，所以，

在教學方式上,需要有創新思維和國際化思維。

二、中國高校會計人才國際化培養的優化路徑

(一) 人才培養模式的優化

隨著教育國際化的發展趨勢,完善國際化人才培養模式顯得尤為重要。中國高等院校在國際化人才培養過程中遇到諸多困難,此時我們應該針對這些問題和挑戰研究對策,將挑戰變成發展機遇,利用自身優勢與海外院校進行合作,積極引進國外優質教育教學資源,提升本土應用型本科院校的辦學水平和質量,走出一條具有特色的辦學道路。

1. 建立海外穩定的合作院校

積極與國外院校合作,是中國應用型本科進行國際化道路的起點。建立國際合作院校,不僅能夠將本院校師生輸送到對方院校,而且還能夠穩定並持續獲取國外院校的教育教學資源,提升自身院校的國際化水平。在合作的過程中,要探索出獨具特色並與國際接軌的現代教育方法,科學借鑑國際最新的教育理念和人才培養模式,有效借力發達國家的先進教學資源,創造性地開展多樣化、多層次的國際交流與合作,為本院校獲取國際化教育教學資源。

2. 本土教師國際化

在全球經濟一體化和高等教育國際化的背景下,應用型本科院校開展國際交流與合作,必須有計劃地選派教師到國外研修,學習和借鑑發達國家先進的教育理念和教育經驗,通過借助國外智力,加快自身改革與發展的步伐。海外研修的經歷使教師的知識面得到拓展,學習到新知識、新方法,深刻瞭解發達國家的教育體系,增長與教學領域相關的知識,學習西方高等院校的先進教學方法,最重要的是還可以增進對西方文化的認識與理解,增強國際意識,提高外語水平。通過開闢多種渠道,加大本土教師在海外培訓培養力度,努力培養出一批具有海外學習和科研經歷、在國際學術界具有影響力的專家隊伍,形成一支穩定的高水平教師團隊。

3. 加強海外「引智」

在國際化人才培養過程中,引進海外師資隊伍能夠得到立竿見影的效果。但很多高校在引進海外師資的過程中遇到尷尬境況:若要引進專業並具有高級職稱的師資,則成本太高;若要引進成本較低的師資,則缺乏相關專業素養或任職資格。在此情況下,很多高校因為預算緣故,只能退而求其次,引進低端師資。本文認為在引進師資時,本土院校可以轉換思維,若有穩定的國外合作院校,可以採用師資互派方式和以學術交流名義,以較低成本獲取國外較為高端的師資。通

過與海外教師的合作，引進原版教材、先進教學思想和方法，同時利用外教專家所帶來的各國豐富多彩的多元文化培育國際化緊缺人才，在外教營造的國際化環境中培育學生的國際意識。

4. 開辦雙語教學班

雙語教學班可以採用定向選修的模式進行，學生控制在 30 名以內，以保證課堂參與度。學生來源主要有三種：英語能力特別強、有出國進修意向和有強烈意願提升自身國際化視野的學生。教師則主要以合作院校派出教師為主，以本土有多年留學背景教師為輔。由於雙語教學班的規模較小，成本較高，因此對選課學生必須有一個選拔和淘汰機制：選拔是為了保證教學質量，淘汰機制則是為了給學生壓力以保證學習效果。在雙語授課過程中，英文授課占 80% 左右最佳，中文授課則為 20% 左右。雙語教學以教師理論的講授為引入，以學生討論和實踐為主要教學模式。雙語教學為國際化人才培養中的精英培養模式，在於培養一批具備國際視野的高端國際化人才。

5. 開展全球思想盛宴主題講座

相對於精英小眾的雙語教學班而言，主題講座的受眾面較廣。通過全球思想盛宴主題講座，為本土院校構建全球思想交匯平臺，給師生帶來國際化思維和視野。全球思想盛宴主題講座的師資主要由海外合作院校對本土院校進行訪問和學術交流的教授擔任，一方面提高了訪問交流的效率，另一方面也有利於擴大國際化教育的影響面，提升院校國際化水平。

6. 建立以運用為目標的英語學習模式

教育國際化，國際化語言必不可少。雖然高等院校學生已經有十多年的英語學習經歷，但是很多學生並不會運用英語，主要是因為中小學的英語學習是以考試為目標的。在高等教育過程中，可以拋開應試教育枷鎖，建立以運用為目標的英語學習模式。此模式包括以下幾種：

（1）將學習者的外語學習與專業學習有機地結合在一起，即為實用目的而採取的英語教學。這種特殊的學習模式既不同於大學英語教學模式，也與英語專業教學模式有區別。這種模式下的英語教學既具有實用性，又以培養學生的英語綜合應用能力為目標。此目標主要通過雙語教學班實現，如在課堂過程中，要求學生用英文對專業理論及應用進行討論和分析，並用英語進行相關課程匯報。

（2）開展豐富多彩的以西方文化為根基的全英文活動。如以西方節日為主題，開展主題式沙龍。沙龍活動以理解和學習西方文化為目的，同學在沙龍活動中全部使用英語。沙龍活動包括慶祝西方的主要節日（萬聖節、聖誕節等）、音樂欣賞、打棒球等。這些活動，一方面可以讓學生對學習英語產生興趣並進行運用；另一方面，也能夠讓學生知曉西方文化和禮儀，為走進國際化商業社會奠定基礎。

（二）人才培養方案的優化

1. 打造中國高等教育國際化課程，培養國際化人才

無論是國際知識和經驗的累積，還是國際視野的形成，都不是一朝一夕能夠實現。所以對於中國高等教育的國際化發展來說，打造適應國際競爭需要及學校特色的國際化課程至關重要。開設國際性課程，大量開設國際關係、國際事務管理等國際性專業課程，培養學生的國際事務分析和處理能力，開拓學生的國際化視野。

2. 積極推動國際學術交流活動

隨著各國交流距離的不斷縮小，各國所培養以及在國際市場上發展所需要的人才也不再局限於國內優秀人才，而是能夠瞭解國際市場、具有國際知識和競爭能力的新型人才。所以，積極開展國際交流項目合作，不僅能夠給高校發展帶來機遇，還能夠為學生提供寶貴的國際學習和工作機會。對於高校來說，多種國際交流項目的開展更能夠幫助其學習和引進國外先進的辦學思想和方法，從而提高自身的教學質量。

3. 發展雙語教育

當今國際形勢下，跨國合作與交流日益頻繁，外語的掌握早已是職場競爭者的必備條件之一。所以，提高學生外語能力應該成為高校人才培養的目標之一。在培養方案上，將外語課設置為專業必修課是必要的。另外，通過設置多語種課程或是通過外語與專業課相結合的方式即開展雙語教學是提高學生外語能力的有效方式。如，加拿大法語區課外語作為開創的「沉浸式教學法」的第二語言教學模式不僅在本國學生的語言培養上獲得了巨大的成功，更是被許多國家所效仿和借鑑。雙語教學，甚至是多語的語言教學與專業課程相結合的方式，可以幫助學生在學習專業知識的同時，加深對外語的熟悉度，也有利於幫助學生瞭解世界多國文化背景和知識，從而培養多元化、多視角看問題的思維方式。

4. 加大實驗、實踐課程比重

在課程設置上，加大實驗、實踐課程比重；在培養方案上設置更多的實驗環節，包括校內實驗、到校外合作企業參觀實習、頂崗實習、與國外合作院校交換實習、假期社會實踐等，著力提升學生實踐能力。

（三）教學方式的優化

1. 強化案例教學、問題導向性教學，培養學生分析、解決問題的能力

針對國際會計專業本科教學的目標和社會的需求，在教學方法中，應該強化案例教學法，推行問題導向型教學法，引入自學與討論聯動式教學法。以學生為

中心，強調學生積極主動參與學習。教師授課方式應從單向式的「灌輸」轉變為與以學生討論為主的互動性教學，培養學生的創新能力。在講課內容上，應當是理論知識與實務知識並重，著重培養學生獨立分析問題和解決問題的能力。主要採取教師講授的講課方式，同時引入案例教學，加大實驗課程所占比重。

2. 形成「以學生為中心」的教學方式

改變傳統的「以教師為中心」的教學方式，形成「以學生為中心」的教學方式，並結合使用角色扮演、模擬練習等多種教學方法。由於很多學生尚未意識到具有國際化知識和視野的重要性，「以學生為中心」的教學方式能夠通過增加學生在課堂教學中的參與度，使學生親身參與到國際化課程活動中，從而切實體會到具有國際意識的重要性。

3. 開展國際遊學

通過安排學生到國外學習、實習等活動開闊學生的國際視野，豐富學生的國際經驗，並為學生提供國際或地區性關係研究等選修課程，從而讓學生對國際環境有更好的瞭解。

4. 充分利用網路技術

充分利用網路技術，開展國際網路授課，並為在校學生提供更多與國外大學師生進行網上交流的機會，以加深學生對世界其他國家和地區的認識和理解。

三、總結

中國高校國際化會計人才的培養在培養模式上還亟待優化，在培養方案的設置上還需要根據國際化會計人才所需要的素質進行大力改革，著力打造具有全球思維和國際化視野、具有國際工作所需要的語言能力和實踐能力的高素質人才。在教學方式上更要進行深化改革，採用有利於學生開拓思維、發揮學習主動性、增強國際交流的教學方式，促進國際化會計人才的培養。

參考文獻

［1］林雪瑩，張蘭芳. 應用型本科院校國際化人才培養模式探索與實踐［J］. 教育教學論壇，2016（4）.

［2］魯海帆. 國際化複合型會計人才培養研究［J］. 科技廣場，2012（2）.

［3］閆楠楠. 加拿大高等教育國際化辦學的經驗及啟示［J］. 重慶第二師範學院院報，2016，29（1）.

［4］陳雲娟，王家華. 能力需求導向的中國會計人才培養模式研究［J］. 高等財經教育研究，2016，19（1）.

國際化會計人才培養的對策分析

王歡歡

隨著全球經濟一體化進程的深入，中國經濟發展客觀上需要大批具有國際化視野和通曉國際慣例的新型國際化會計人才。在中國會計行業的國際化發展、會計準則與國際慣例協調的大時代背景下，中國高校本科教育的國際化發展已是大勢所趨。在會計領域，培養更多的國際化會計人才、加快會計人才的國際化進程具有實際意義，培養國際化會計人才勢在必行。培養國際化人才必將引起會計教育的國際化，會計教育國際化包括會計教育理念、人才培養目標、課程體系、教學方法和師資隊伍建設等多方面的國際化。在教育的過程當中引入國際化的教育手段、更新會計專業的教育理念、調整會計人才的培養戰略是中國會計教育國際化的必由之路。在會計教育國際化的過程中可以通過引入國際會計執業資格教育，如 ACCA、CGA 等，促進會計教育國際化。

在高校國際化會計人才培養的過程中，中國的國際化會計人才培養與其目標之間還存在著差距。現階段國際化會計人才培養還沒有完全脫離中國普遍存在的重理論、輕能力，重專業、輕基礎的傳統教學模式，在國際化會計人才培養的過程中存在各方面如培養目標、教學內容、實踐教學以及師資隊伍等問題。本文主要就常見的問題提出具有一定借鑑意義的對策。

一、確立「專才+通才」的會計人才的教育目標

培養「專才」型會計人才是指培養精通管理會計、財務會計、財務管理、稅務、審計、信息系統、非營利性組織會計、會計理論、西方會計以及會計職能等專業知識的會計從業人員，從而能夠妥善解決在會計領域出現的各種問題，理論聯繫實際，以求最穩妥的解決方法。

培養「通才」型會計人才是指培養具有會計從業人員的思維能力、應對能力、適應能力、調整能力等各種能力的人才以適應格局變化，注重專業知識以及英語、

計算機、法律、經濟、營銷、市場、管理、國際貿易、國際金融等一系列知識的培養，使得會計從業人員能夠在專業的基礎上調整並適應國際化趨同的影響。

二、增設通識教育課程，開闊學生國際化視野

美國哈佛大學 2007 年開始便要求每一位入學的新生必須學習分析推理、道德推理、世界社會、文化和信仰、世界中的美國等課程，協助學生把目光放得更廣、更遠，加深對外面世界的認識。同樣，中國的各高校也可以仿效，開設一定的通識教育課程，在課程中融入國際文化、國際形勢的信息，以提高學生國際化的分析水平，而不只是開設以國內國情為主要課程內容的形勢與政策等基礎課程。

三、加強師資隊伍建設

師資隊伍的質量是保障國際化會計人才培養目標實現的基礎和前提。要想充分發揮教師在人才培養方面的作用，就要搞好師資的制度建設，培養具有較高競爭力和可持續發展能力的高素質師資隊伍。高校教師應該具備良好的道德素質，應該不斷提高自己的理論水平，密切關注會計行業發展的最新動態並及時掌握最新的學術研究成果，力爭在課堂上把最新的知識傳授給學生。高校教師還應該努力提高自己的實踐水平。高校還應該注重改變師資的學位結構、職稱結構、學術梯隊結構，形成新老結合、共同發展、相互提高的良性發展局面。

高校還應該注重培訓優秀在職會計人才，使他們成為國際化會計人才。培訓的重點應放在能力的培養，並採用集中培訓與在職學習相結合、課堂教學與應用研究相結合的培訓方式，從而實現全面培養和提升培訓對象綜合素質的目的。

四、建立與高校人才培養和國際會計崗位相匹配的框架體系

國際化的會計職能決定其對國際化知識的需求，國際化知識的需求決定了國際化會計人才的需求。建立國際化會計的職能管理框架體系，以職能框架為基礎確定國際會計崗位的知識需求，從崗位知識需求出發有目的地培養國際化會計人才，才能判斷國際化會計崗位及職能設計的合理性，才能據此確定國際化會計崗

位人才配備需求。因此，各高校可根據國際會計的崗位框架、職責和工作內容規劃崗位能力框架和知識需求，對國際化會計人才的中長期需求做出規劃，以需求規劃制訂中長期的人才培養計劃，建立國際化會計人才崗位知識和能力評價模型。每年通過評價結果分析涉外會計專業學生的崗位勝任情況，對存在差距的學生按一定的維度歸類，有針對性地設計課程模塊。

五、進行教材改革

教材改革建議從以下三個方面著手：首先，要加強教材內容的時代性。高校應根據國內學科建設發展的最新成果及時進行教材內容調整，加快教材的更新換代。其次，要加強教材內容的實用性。高校教師在編寫教材時應充分考慮社會上與會計相關的各種考試，比如會計從業資格考試、全國會計專業技術資格考試（職稱考試）、中國註冊會計師考試（CPA）以及 ACCA 等國外註冊會計師考試，力爭幫助學生順利通過考試，為畢業時找工作增加自身價值。最后，要加強教材內容的國際性。教材內容應積極向國際會計準則靠攏，部分課程還可直接選用英文原版教材並爭取用雙語授課，從而提高學生的英語水平。

六、實施案例教學

應建立以學生為中心、以教師講解為輔的課堂案例教學模式。一方面，在設計案例教學時，教師更多地發揮組織者的作用，充分調動學生的積極性，讓學生實現角色的轉換，擔當管理者和決策者，從而訓練他們進行分析判斷、綜合選擇的能力。另一方面，教師應不斷完善教學案例，在分析經典案例的基礎上也要與時俱進，把最新的實務案例帶入課堂，將教學與現實生活中的業務、事件相聯繫，引導學生主動思考和探索。更重要的是，針對國際化會計人才的培養，教師在設計案例時應充分考慮培養目標的特殊性，立足於國際，把業界出現的新情況和新動向作為背景資料融入案例中，力求讓學生能夠熟悉國際慣例和市場規則，成為具有國際視野和戰略思維的複合型、創新型人才。

七、舉辦針對性強的課程講座

課程講座改變了單一的課堂教學模式，有助於學生獲取行業第一手信息。針對會計國際化方向的學生，可以邀請校外專家、一線會計工作者，特別是「四大」的審計人員、外企的財務經理、A+H 股公司的財務經理，為學生講授會計實務，舉辦沙龍。校外專家、一線工作者能夠從實踐的角度出發，結合自身經驗，針對會計實踐中出現的新問題，進行新的思考，並提出解決問題的思路和方法，將業界最新動態介紹給學生。將校外專家請進學校、請進課堂，開展分享式、參與式的課程講座，能夠給學生提供間接接觸實務工作的機會；實務專家的經歷與經驗也能給學生以啟發。另外，在開展講座的過程中，可以設計各種互動環節，讓學生能夠與專家進行及時有效的交流，就學生關心的問題或疑惑進行探討。

參考文獻

[1] 何傳添，劉中華，常亮. 高素質國際化會計專業人才培養體系的構建：理念與實踐會計研究——中國會計學會會計教育專業委員會 2013 年年會暨第六屆會計學院院長論壇綜述 [J]. 會計研究，2014（1）.

[2] 何丹，吳芝霖. 創新型會計國際化人才實踐教學模式研究 [J]. 財會月刊，2014（14）.

[3] 陳冬，周琪，唐建新. ACCA 專業教育有助於培養國際化會計人才嗎？——來自武漢大學的經驗證據 [J]. 財會通訊，2015（10）.

關於會計學專業教育國際化的一些思考

包燕萍

一、引言

  會計,作為一門國際上通用的商業語言,在經濟的全球化過程中扮演著越來越重要的角色。在國際貿易和全球資本市場的迅猛發展的大背景下,世界各個經濟體加速了這門重要的「商業語言」國際化的進程。如今科技革命的突飛猛進、信息技術的發展,尤其是強大的互聯網的迅速普及和應用,深刻地影響到了會計的各個方面,包括會計信息的輸入輸出、會計信息的加工和處理、會計信息的傳遞和使用。這場新興的信息技術革命,極大地為會計國際化的發展提供了前所未有的技術支持。

  在這樣的經濟國際化大背景下,會計的國際化已是不容忽視的客觀事實。會計的國際化一方面對會計人才的培養提出了更高的要求,另一方面也為會計專業人才教育的發展和改革提供了重要的依據。

  國際化背景下的會計人才,應該有對不同文化、不同價值觀的理解、包容和鑑別的能力,更要有跨文化交流的能力,而不僅僅是能應對國際會計工作。因為會計,作為一種企業經濟管理活動,它的社會性決定了其除了技術,更重要的還有對不同的社會經濟、政治和科學體系的解讀。因此,會計國際化對會計人才的能力要求更加綜合,會計人才培養需要在提高素質、拓寬視野、培養應變能力等方面加強。

  作為會計專業國際化教育的一線教師、提供教育環境的學校以及維繫培養對象的家庭,應當如何應對新的環境,以更好地培養出優秀的國際性會計人才?筆者從以下幾個方面進行了思考。

二、維繫國際型會計人才培養的三維結構

順應目前我們國家提出的「一帶一路」（即「絲綢之路經濟帶」和「21世紀海上絲綢之路」）這一個全方位對外開放戰略，在經濟全球化的宏觀環境下，筆者對會計人才的培養有了新的認識。從一定意義上說，以往的專才型教育已經不能適應會計國際化的要求了，夯實基礎知識、注重綜合素質培養的通才教育應該是一種適應形勢變化的更好選擇。我們既應該「引進來」國際上先進的辦學理念、優秀的國際會計教育專家，更為重要的是培養出來的會計人才，不僅要懂外語、能夠勝任外資企業的財務工作，而且能夠「走出去」，成為真正在國際性工作崗位上獨當一面的國際型會計人才。

下圖描述了在對國際型會計人才的培養過程中，學校、家庭以及教師三個角色是如何從不同的角度發揮重要作用的。

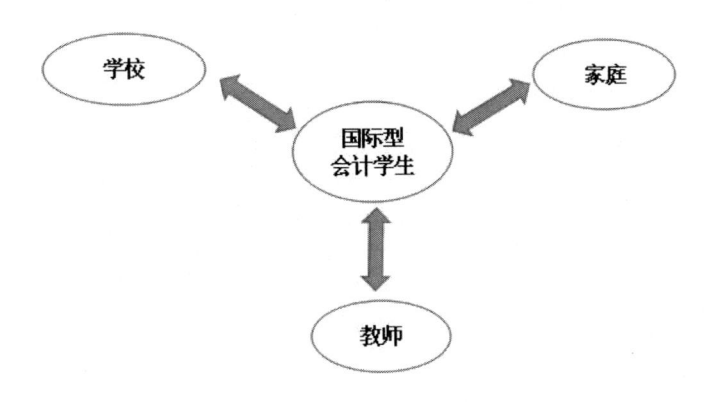

影響國際型會計人才培養的三維結構

學校作為國際型會計人才的培養基地，其在人才培養方案的制訂、執行過程中起到了不可忽視的重要作用。家庭是國際型會計人才在受教育過程中十分重要的社會聯繫，是該國際型會計人才培養重要的后盾。教師介於上述兩者之間，從專業知識、自我素養等對國際型會計人才言傳身教。

1. 學校——創造更好的國際教育環境

在應對不斷發展的會計國際化教育背景下，學校在人才培養模式上應當探索新的培養方案，並且認真執行培養方案的各個細節，緊跟全球社會發展的步伐，為社會培養出真正能夠適應現今會計工作崗位的國際型會計人才。

國際會計人才除了表現在對國外會計準則的掌握外，還應具有跨文化溝通的意識和能力，這種能力不僅表現在優秀的外語語言能力方面，還表現在廣闊的文化包容度、多變的經濟社會環境的適應性及在不同環境下的繼續學習的能力等方面。所以國際會計人才的培養除了對學生外語能力和專業知識的培養外，還要重視學生對世界歷史文化的學習，培養學生看待和處理問題的全球視野及對不同文化的理解與包容。因而，除了在教學過程中的培養外，學校還應該為會計人才教育國際化創造更好的教育環境。比如應該鼓勵學生積極參加國際交流項目、國際職業團體、跨國公司組織的各類比賽，如 ACCA 精英挑戰賽、CIMA 管理會計案例大賽等，到跨國公司進行專業實習，讓學生在這些實踐活動中增加對國際會計知識的瞭解，培養跨文化溝通的意識和能力。

　　此外，學校應該逐步開創教育教學國際化辦學的新模式，在以往成功的辦學經驗基礎上，開設與之相配套的國際化課程，改變教學方式。

　　雙語（英漢）教學在國際化課程中能夠有效地將中國以及跨國文化教育結合起來，對學生而言，有利於學生從多維度去認識和理解相關的知識點，從而可以培養學生多元化、多視角看問題的思維方式。因此，學校應當重視雙語教學，以開拓更多的國際化課程。

　　2. 家庭——國際化教育的監督者

　　雖然來自五湖四海的家庭將子女送到大學接受教育，但是家庭的職責並不局限於此。作為教育的消費者，學生的家庭成員更為重要的一個角色應當是與學校進行有效的溝通，以輔助學校進行更好的教育。從另一個角度來看，家庭，也應該是教育過程中的一個監督者。

　　隨著科學技術的發展、通信的便利，學校、教師與家庭之間的信息溝通渠道應當是保持隨時暢通的。高質量的教學水平離不開完善的教學質量保障體系的監督，作為最關注學生的一方，家庭有動力也有義務對學生的教育情況進行有效的監督，充分發揮社會監督的作用。

　　3. 教師——不斷提升國際化職業能力

　　在國際化教育教學的過程中，教師的作用是不言而喻的，也是最為關鍵的一個環節。因為教師素質的高低，直接影響到了對學生的教育效果。那麼，如何提升教師的國際化職業能力？

　　教師這個行業，正是因為永遠處在不斷更新自身的認知，走在前沿、拓寬專業所涉及的知識面、深入鑽研自己的專業的過程中，才能正確地引領授課對象。而會計學專業更是如此。國際化的不斷深入、經濟發展過程中某些複雜經濟活動的產生、對相關的經濟事項如何正確進行會計核算等，給會計專業教師帶來了豐富知識的機會，與此同時也帶來了挑戰。正是如此，會計學專業教師只有不斷提

高自身的專業素養，進軍會計學最前沿的研究現狀，以國際化的視角督促自我進步，才能適應時代的發展。

三、小結

本文從直接影響會計專業學生的國際化教育的三個維度，即學校、教師和家庭三個因素探討了如何完善國際化教育的辦學效果。學校應該為國際化教育教學創造更好的教育環境，並逐步開創教育教學國際化辦學的新模式。教師應該順應時代的發展，不斷提升自身的國際化職業能力，以培養出新時代專業知識過硬、具有跨文化交際能力的國際型會計專業人才。而家庭，應當即時檢驗學生的受教育成效，對學校及教師的教育教學進行有效的監督。

參考文獻

[1] 葛家澍. 會計・信息・文化［J］. 會計研究，2012（8）.

[2] 許文杰. 西方國家會計能力與會計教育研究及啟示［J］. 財會通訊，2010（3）.

[3] 張新民，林漢川，王麗娟. 國際化管理學精英人才培養模式研究［M］. 北京：企業管理出版社，2012.

[4] 閆楠楠. 加拿大高等教育國際化辦學的經驗及啟示［J］. 重慶第二師範學院學報，2016，29（1）.

[5] 王慧璞. 會計國際化背景下的中國會計本科人才培養方案研究［D］. 上海：上海外國語大學，2013.

關於獨立學院國際化會計人才培養的思考

唐　莉

近年來，社會上出現「學會計熱」。會計師作為世界「三大」專業性強的高薪職業之一，受到熱捧是一種正常的現象。但隨著信息化、網路化及各類新興產業、創新產業的發展，市場對基礎會計崗位的需求逐漸萎縮，而對高層次、國際化會計人才的需求日漸增多。尤其是中國加入WTO後，中國經濟在國際上扮演了重要角色，進而對中國的會計人才也提出了更高的要求。

一、全球化背景下國際化會計人才培養新要求

(一) 良好的英語溝通能力

能夠使用英語有效進行跨文化溝通和交流，包含兩個方面的含義：第一，熟練掌握專業、精準的財務英語以及熟練的英語溝通技巧；第二，具備與經濟發展全球化相適應的知識結構，熟悉市場經濟社會環境中的各類經濟業務及其有關的法律和制度。

(二) 更高的「通才」素質

跨地區、跨行業、跨國界的經營模式，要求會計從業人員具有敏感的洞察力、強大的收集資料的能力，熟知世界各國有關貿易法規、外匯匯率、稅法規則等。因此，國際化會計人才，不僅要有紮實的會計理論基礎和熟練的實操技能，還要善於將各種方法靈活、多變、系統地運用，為會計理論發展服務，用理論來指導實踐。

(三) 較強的創新意識和邏輯分析能力

國際化會計人才應該努力做到思維清晰，具有較強的邏輯能力，並能夠從錯

綜複雜的各種財務和非財務信息中找到聯繫進行歸納分析，從而有效監督企業的經濟運行並解決各類財務問題。

除此以外，國際化會計人才還應具備開闊的國際視野、良好的思想道德素質、踏實的工作作風、真誠的團隊合作精神等。

二、獨立學院培養國際化會計人才實踐中的問題

（一）人才培養目標定位狹窄，缺乏自身教育理念

在實踐中，各高校基本上直接「拿來」別人的教育理念，並未形成自身的教育理念。不結合自身情況設計理念所產生的后果體現在兩個方面：一方面，部分學生通常難以接觸到國際通行理念，即使接受了也難以與自身結合起來；另一方面，學校難以突破中國教育體制，大多注重學生的國外資格認證考試。然而，會計國際化教育側重具備國際視野，能代表中國平等躋身國際市場，具備多樣技能的複合型的國際會計高端人才的培養。因此，人才培養目標定位不準確。

（二）課程設置單一，不能滿足國際化會計人才成長的需要

目前，大多數獨立學院在課程設置上比較老套，缺乏能開闊國際視野的課程與綜合業務素質的課程，即缺少相關的國際化通用課程和與國際會計準則相銜接的課程。即使部分學校開設了雙語教學課程，但該課程的學習多是老師用英語朗讀教材相關內容，並將其翻譯成中文，並沒有將外語與專業教學相結合，學生也沒有體會中國會計準則與國際會計準則的異同。

（三）師資力量薄弱

培養國際化會計人才要求高校教師不僅要有較高的師德水準和系統的專業理論知識，還要有國際視野和一定的國際化會計經驗。目前，在大多數獨立學院，能進行雙語教學的教師並不多，有全球化企業工作經驗和有一定國際會計教育背景的更少。另外，會計專業的學生幾乎沒有在國外企業或全球化企業頂崗實習的機會，這是獨立學院培養國際化會計人才的一塊短板。

（四）國際認證：學歷教育＋職業資格教育難以契合國際化人才培養理念

部分獨立學院為了促進學校發展，紛紛開設了 ACCA 及 CIMA 方向的課程。ACCA 和 CIMA 是國際認可度較高的會計職業機構，其教育理念先進，課程體系設置比較合理，教學方式比較靈活，既有理論講解，也有商業案例與實踐，旨在培

養高素質、複合型會計人才。但是部分獨立學院在課程設置的過程中，並沒有貫徹其先進的教學理念，很大程度上只是將其作為一種職業資格考試培訓。老師在授課的時候也都是採用傳統的教學模式。很多同學之所以選擇這個方向，目的是更好就業或者是為將來出國做準備。

三、關於獨立學院培養國際化會計人才的建議

（一）明確教育理念，培養正確意識

培養目標是人才培養的核心，是人才培養的出發點，決定了我們培養出來的人才的品質和特性。當前部分獨立學院國際化人才培養目標模糊，簡單地將其定位為：培養英語水平較高的會計專業技術人才。而這與經濟全球化背景下社會對國際化會計人才的需求標準有著本質不同。尤其是國際會計專業（ACCA&CIMA方向）學生接觸到的理念通常是國際職業機構的理念，體現了專業精神，具進取心和商業價值，應予以肯定。同時，需要關注的是，很少有學生會意識到「高端引領」的內涵，更不會產生責任意識，以及引領國內會計行業的使命感。因此，高端國際會計應用人才的理念應當針對學生的個人願望，在接受國際職業組織先進專業理念的基礎上，更大程度上引導學生高屋建瓴，構建責任意識和國際意識，學貫中西，具備較高戰略分析能力。

（二）優化課程體系，靈活配置教學模式

為了實現上述教學目標，獨立學院在課程體系設置上，應擯棄過分強調專業化程度，注重提高知識結構的通用性。除了開設常規的會計專業課程，如會計、審計、財務管理、稅收等，還應補充開設國際化的金融、管理、法律等課程。在教學方法上，不同的課程體系應當採用不同的教學形式，而不是統一的課堂教學，也不是步履一致的灌輸式教育。如：基礎層次的課程都是做基礎知識鋪墊的，適合課堂教學；文化藝術領域的課程，以及文化歷史方面的課程適合多媒體視聽教學；心理學以及針對人性和人格塑造的課程適合沙龍式教學；會計實訓方面的課程適合實踐教學等。在全球經濟一體化的背景下，高等教育國際化已成必然。通過雙語教學引入國外先進的教育理念和教學方法，培養具有國際視野的複合型人才，已經成為中國高校實施國際化發展戰略的重要途徑。會計專業是中國高校較早進行雙語教學嘗試的領域之一，而且發展迅速。為此，高校更應豐富雙語教學模式，實現教學相長；完善雙語教學評價機制，引導師生重視。

(三) 加強師資隊伍：現代教育理念+合理知識結構+實際工作經驗

高等院校必須加強會計專業師資隊伍建設，逐步形成一批高素質的能夠適應國際化會計人才培養要求的教師隊伍。第一，提高教師的選聘標準，適當引進實踐經驗豐富的高級會計師、註冊會計師等擔任會計教學工作。同時，高等院校應適時選派教師到會計工作第一線進行實踐鍛煉，並參加相應的專業技術資格考試，取得相應資格證書，不斷提高教師的理論水平和實踐能力。第二，優化教師的考核標準。建立完善的考核體系，有助於調動教師積極性和競爭動力，有利於促進教師綜合能力的提升。第三，加強企業與高校教師開發涉及企業所面臨的實際問題的橫向課題，如企業業務流程的設計、內部控制的設計、財務管理流程的設計、信息系統的設計等。這些橫向課題是培養高校教師實踐能力和執業判斷能力的最好方式。

(四) 加強教育合作，切實推進國際聯合培養模式

中國加入 WTO 以後，與國際接軌成了越來越多人的共識，而且在許多領域成了必須兌現的義務。大學的會計教育作為高等教育的重要組成部分，其生存環境發生巨大變化。國內高校對會計教育的培養目標進行了重新定位，紛紛與國際職業組織合作（英國特許公認會計師公會 ACCA、加拿大註冊會計師協會 CGA、美國註冊管理會計師協會 CIMA 等），將國際會計從業資格培訓與學歷教育有機結合起來，增加了該方向學生的國際視野。但筆者認為，獨立學院會計專業不同於一般本科院校的會計專業，其目標定位是培養「應用型」會計人才。因此，獨立學院還應結合其目標，加強與跨國企業的合作。以重慶工商大學融智學院為例，該學院會計系率先在重慶市七所獨立學院中開設了 ACCA 專業，目前已有兩屆學生，總計人數 90 餘人。該系以「訂單」「國際化」「雙證」三大特色為契機，一步一步邁向新會計時代。筆者認為，該系應拓寬「訂單」範圍，加強與外企合作，開設實習基地或進行訂單培養，為開創國際化鋪路搭橋。同時，應鼓勵和引導學生在進行國內資格考試（從業、初級等）的同時，積極參加國際化資格認證的考試。

參考文獻

［1］李靠隊，孔玉生，朱乃平. 高校會計專業國際化複合型人才培養研究［J］. 財會通訊，2011（25）.

［2］王穎，吳窮，曲翠平. 全球化背景下高職院校培養國際化會計人才的思考［J］. 市場研究，2013（5）.

［3］王雪. 探討培養國際化會計人才之路——河南省高校國際化會計人才培養調研［J］. 管理觀察，2015（3）.

［4］孟青霄. 適應中國——東盟經濟貿易發展的國際化會計人才培養模式研究［J］. 智富時代, 2015（5）.

［5］程杰. 中國國際化會計人才培養模式［J］. 合作經濟與科技, 2013（2）.

［6］王微. 會計國際化背景下高端應用人才培養框架構建——基於闕限理論與 ACCA、CGA 教學實踐［J］. 財會通訊, 2011（34）.

［7］孫玲. 基於 ACA 特色的高等本科院校國際化會計人才培養問題研究——以哈爾濱金融學院為例［J］. 商業經濟, 2015（4）.

重慶「一帶一路」背景下
國際化會計人才培養淺談
——以重慶工商大學融智學院為例[①]

魏彥博

　　隨著「一帶一路」步伐的不斷加快和深化，以及融入國際化浪潮的影響，重慶將需要一大批具有國際化知識的會計人才，所以會計國際化人才培養有了天時的優勢。財經類獨立學院，在未來 5 年中應該把握住這個巨大的就業商機，給重慶提供一批實用性強的國際會計人才。

一、重慶獨立學院國際化會計人才培養的契機

　　1.「一帶一路」使得重慶需要一批具有國際化知識的會計人才
　　唐林向《中國經濟周刊》記者介紹，截至 2015 年年底，重慶保稅港區累計引進企業近 1,000 家；實現工業產值 2,196 億元；實現外貿進出口總額 4,159 億元；實現保稅貿易額 32.7 億美元；實現保稅商品展示交易額 19 億元；實現跨境電子商務交易額 4.6 億元。
　　今年，重慶保稅港區將用更大程度的開放為重慶融入「一帶一路」戰略和長江經濟帶建設提供持續發展動力。一是推動以筆電為基礎的精密設備、高端飾品等加工貿易轉型升級，打造高端製造總部基地；二是發展電商產業園、大宗貿易平臺、綜合零售市場等多元化的國際貿易體系，打造中國西部與世界溝通的窗口；三是利用中新（重慶）戰略性互聯互通示範項目契機，促進多產業板塊合作升級。
　　我們可以做一個粗略的估計，以 2015 年一年重慶保稅區引進 1,000 家企業的

[①] 本論文來自於重慶市教改課題《基於產教融合下本科會計專業課程體系優化研究——以融智學院為例》。

速度計算，未來5年，重慶將有5,000家企業進駐，這對高校的畢業生來說是個良好的契機。同時，按照唐林談到的后續發展方向，獨立學院可以把會計人才的培養重點放在加工貿易企業、零售企業等方面。

2. ACCA成建班的開設為國際化人才的培養孕育了土壤

重慶工商大學融智學院作為重慶獨立學院中最先開設ACCA班的高校，通過兩年的實踐累積，已掌握了一定的國際化人才培養模式和經驗。

（1）ACCA班學生的招生質量有大幅度提高

2015年9月，融智學院組織了全校範圍內的選拔考試，錄取人數為43人，其中高考英語分數上120分的達22人，占比51.2%。在2014年的基礎上，2015年的招生情況、ACCA國際考試分數通過率，以及由其帶動的英語CET-4、CET-6通過率也明顯提高了。具體情況如下表所示。

2014—2015年ACCA班招生質量統計表

時間\項目	招生人數（人）	英語通過率（%）		ACCA全球考試通過人數（人）				
		CET4	CET6	F1	F2	F3	F5	
2014年	42	71.4（30/42）	100（7/7）	25	16	4	7	ACCA考試系全球統一考試，分為9門考試，即F1~F9，每門50分即為通過
2015年	43	86.4（19/22）	待考	待考	待考	待考	待考	

註：由於報考F1~F9考試的人數不一致，故未統計通過率。

另外，會計系2015年的招生分數基本接近二本線，所以，學生的質量明顯高於2014年。

（2）教師隊伍的國際化也在有序進行

發揮「傳幫帶」的優良傳統，積極開展專業教師到ACCA班給外教老師做助教的活動，跟堂聽ACCA全英文教學並做好記錄，課下做好學生的輔導答疑工作。

二、獨立學院會計本科教學中存在的問題

1. 本科會計國際化人才的培養僅限於ACCA，國際化會計人才應該以ACCA為先鋒，擴展到所有會計專業的學生

陳冬在《ACCA專業教育有助於培養國際化會計人才嗎？——來自武漢大學經驗證據》文章中提到：「這一結果表明，ACCA專業教育有助於培養國際會計準則環境下的專業技能，提高學生國際競爭力。我們注意到，生源地的市場化程度越

高，學生畢業後出國的比例也越大；與此同時，入校時已有意向要出國的學生，大學畢業后出國的比例也越大。但是，ACCA 專業學生並未更多地進入外資企業。」

何丹在《創新型會計國際人才實踐教學模式研究》中提到：「雖然會計國際化方向的大量畢業生會進入國際會計師事務所、跨國公司、外資機構，以及其他涉外、境外組織從事會計和審計工作，但是仍有不少畢業生會進入國有企業及其他國內企業，在中國國內從事相關業務。此外，即使畢業生進入外企工作，仍會面臨與國內企業有關的業務。而且，在中國從事民間審計工作，還必須具有中國的註冊會計師資格。這要求畢業生必須同時掌握中國的相關法律法規和準則慣例。」

綜上所述，我們認為不應該把國際化會計人才的培養全部放在 ACCA 成建班上，同時應關注那些已經具備了中國會計知識的會計專業學生。

2. 非 ACCA 會計本科教學課程設置中缺少國際知識的課程

非 ACCA 會計本科教學課程已經比較齊全了，但是面對國際化的需求，缺少一部分國際知識的課程，比如國際經濟、國際金融、國際會計準則等。

3. ACCA 專業缺少校外實踐課程

（1）缺少國際交流的機會

ACCA 專業的學生，不但要把專業知識學好，還需要瞭解國外的習慣、文化背景、交流方式等綜合知識。所以，他們缺少與國際交流的機會，比如，到國外高校進修或研修等。

（2）缺少外企實習或境外實習的機會

ACCA 專業的學生，由於需要應對國際考試，所以沒有更多的時間和精力去外企實習或境外實習。但是，獨立學院 ACCA 的學生與一本院校的 ACCA 學生相比，就會有一定的差距。所以，為了增加學生的就業機會，應鼓勵學生多出去實習和鍛煉。

三、「一帶一路」下獨立學院國際化會計人才培養的建議

1. 根據重慶「一帶一路」發展的趨勢，多建立一些適應當下情況的選修課

根據唐林在《中國經濟周刊》中提到重慶發展的三個重要方面，建立一些如加工貿易企業會計、零售企業會計等方面的選修課程，以適應當前重慶經濟的變化。

2. 對非 ACCA 會計專業的學生應增設具有國際知識的課程

獨立學院非 ACCA 會計專業學生是未來就業的主力軍，而國際化人才也應該輻

射到他們。所以，可以增設像國際經濟、國際金融和國際會計準則等課程，並適當進行雙語教學。

3. 在學校的幫助下，建立一些國際交流的機會

在學校的努力和幫助下，鼓勵學生利用假期參與國際交流，甚至可以實施校內兩年和國外兩年的「2+2」模式。幫助學生瞭解和掌握國外文化背景、習俗和習慣，以便更好地參與到國際企業的工作和學習中。

4. 鼓勵學生積極參與外企實習和境外實習

在四年的本科學習中，鼓勵會計專業的學生積極尋找和參與外企實習。比如，一些五百強的大企業會有外企精英計劃，像寶潔、畢馬威面向非應屆畢業生推出的精英計劃，為大學生提供了實習和就業的機會。

參考文獻

[1] 陳冬，周琪，唐新建. ACCA 專業教育有助於培養國際化會計人才嗎？——來自武漢大學的經驗證據 [J]. 財會通訊，2015（10）.

[2] 何丹，吳之霖. 創新型會計國際人才實踐教學模式研究 [J]. 財會月刊，2014（14）.

會計專業「國際化」培養模式下教學體系構建的思考

許　爽

一、引言

　　會計作為國際通用的商業語言，在促進國際貿易、國際資本流動和國際經濟交流等方面的作用將更為突出，加快會計國際化的步伐顯得日益緊迫。加入 WTO 後，意味著我們必須遵循國際通行的貿易規則，中國的會計國際化的發展進程也必將進一步加快。2006 年，中國財政部發布了包括《企業會計準則——基本準則》和 38 項具體準則在內的企業會計準則體系。新的《企業會計準則》所規定的會計核算與國際會計準則基本一致，實現了中國會計準則和國際會計準則的實質性趨同，有助於實現會計專業教育國際化。經濟全球化的環境下，會計教育在遵循教育本身規律的前提下，應當如何改革和完善現行會計教育，開展具有國際化特色的會計學專業建設的研究，成為從事會計高等教育的部門和人員以及會計實務界亟待解決的課題。本文借鑑荀建華「雙融合」教學體系的構建，結合重慶工商大學融智學院國際化教育的建設情況，就會計學國際化教育中教學體系的構建等相關問題進行研究。

二、會計學專業「國際化」人才培養的目標

　　會計學專業國際化辦學應以培養「國際化、高素質、應用型的複合人才」為目標。「國際化」具體是通過引入國外原版教材、採用雙語教學、強化學生外語水平（特別是專業外語水平）等措施來實現。「高素質」主要表現在學生的專業素質和綜合素質層面。學生應通曉中國會計準則、國際會計準則的基本內容，熟悉財務會

129

計、財務管理、管理會計、成本會計、審計等課程的基本理論和前沿發展；同時應注重學生道德素質、心理素質、社交能力、自學能力等綜合素質的培養，讓學生具有較強的適應性，挖掘個人潛力，成為社會需要的高素質人才。「應用型」需要在人才培養中注重學生實務操作能力的培養，主要體現在教學指導思想、課程內容設計和選用教材的導向作用上。在教學環節，增加案例教學、實驗課的內容與學時，注重學生分析問題、解決問題素質的提高和動手能力的培養。

三、會計專業「國際化」現狀

目前中國有將近40%的高校辦有會計學本科專業，在開設最多的10個本科專業中排名第6，會計專業的在校本科生占所有在校本科生的10%左右，反應了會計教育近幾年的發展速度。在規模發展中，中國高校會計教育的國際化途徑主要是：加強國際合作辦學，鼓勵國內大學與國外名牌大學合作辦學，互派教師和互換留學生，建立國際的校際聯繫，培養具有國際競爭力的會計人才；擴大與國外會計組織（如ACCA、CGA）的合作，將國際會計的從業資格培訓嵌入學歷教育中，將其先進的教材、教學方法和教育理念引入我們的教學方案中。截至2013年，中國（不含港澳臺地區）開設了ACCA方向班的大學就已經達到了86所。隨著中國越來越多的企業在海外上市，國外大公司也紛紛將製造基地和市場目標定位於中國。這種背景下，會計人員必須能按國際標準編製會計報告和進行財務管理，才能參與國際間的經濟交流。同時，眾多國際性會計師事務所相繼成立，中國一些大型會計師事務所也開始實施國際化戰略，開拓海外市場。這些都促進了會計環境、會計市場和會計人員流動的國際化。並且，將國際化職業教育融於學歷教育，還使學生能夠進行職業經驗的前期累積，提高職業上的競爭力，也為部分學生的出國深造創造了條件。

四、會計專業「國際化」在教學體系中存在的問題

由於中國會計準則和國際會計準則接軌較晚，中國會計專業國際化起步也比較晚，但發展迅速。會計專業國際化要創建一套完整的國際化教學體系，包括國際化的教學環境、國際化的教學師資隊伍、國際化的教育教學方式、國際化的課程等。然而，在國際化的實際教學體系中，還存在很多問題。

(一)「雙語」教學資源和教學條件的問題

首先，大學生英語等專業知識水平和學習能力參差不齊。中國高校大學生是按照高考成績分不同批次錄取到不同層次學校的。大學生的個人素質和知識基礎差距較大。重慶工商大學融智學院作為獨立學院，學生的英語水平並不高，普遍存在的情況是英語綜合應用能力比較欠缺，特別是聽、說、讀、寫能力不盡如人意。同時，很多大學生在會計學專業知識的學習上沒有打下很好的基礎，其對於會計英語知識的學習覺得更加困難。在這種情況下進行會計專業英語教學往往無法取得好的教學效果。一方面畏難情緒影響了他們的學習積極性，另一方面缺乏良好的學習能力也阻礙了他們學習的進步。

其次，授課老師英語和專業知識水平不高，高素質的雙語師資匱乏。師資水平直接關係到教學活動的順利組織和教學效果的好壞。會計學專業的雙語教學對授課教師的英語水平和專業知識是個很大的挑戰。要真正實現理想的雙語教學目標，就要求任課教師既要精通會計專業知識，又要具備較高的英語水平。目前的高校教師隊伍中，能同時滿足上述要求的教師不論絕對量還是相對比例都並不大。

最後，缺乏適合中國大學生語言特點和專業背景的會計英語教材。選擇一本適合學生英語水平和專業知識水平的會計英語教材直接影響到了雙語教學的效果。但現階段適合中國大學生語言特點和專業背景的會計英語教材依然缺乏。目前，中國部分院校採用自編教材，但其專業水平不高、內容粗糙，也不可能大範圍推廣。

(二) 國際化會計專業實驗教學問題

首先是校內實驗教學方面的問題。目前，大部分學校都開設了校內實驗教學的相關課程，但這些實驗項目比較單一，大多數以製造型工業企業會計的實驗項目進行訓練，而且大部分的資料都比較陳舊。而國際化會計的實驗課程還沒有開設，具有國際化背景的會計實驗資料、與網路平臺相結合的實驗課程及實驗項目幾乎是空白。目前已有的會計實訓效果並不是很理想，很大一部分原因在於會計模擬實驗指導教師大多是由會計專業教師擔任，並且大部分教師都是從學校畢業後就直接從事教學工作，對企業具體的財務會計業務環境未親身經歷，大多缺乏國際背景，更沒有在涉外類型的企業從事過國際會計業務。因此，在涉外型的財務會計類模擬實驗教學環節，教師只能依靠自己的理解和想像來指導學生實驗。這樣的實訓課既枯燥又不能達到預期的效果。

其次，校外實習教學方面的問題。校外實習是學生真正接觸社會、實現理論和實踐相結合、培養技能的重要環節。雖然很多學校會計專業同多家會計師事務

所、稅務師事務所以及行業協會合作，建立了較為穩定的校外實習實訓基地。但是，這些校外實習實訓基地，多數是中小型企業和中小型會計師事務所，在現有實習基地進行國際化會計實驗的可能性不大。對於國際化的會計人才培養來說，非常需要一些符合專業培養目標的具有國際背景和國際業務的大中型企業參與到國際化會計人才的培養中來，特別是世界五百強公司、外商投資企業。

五、會計專業國際化教學體系的構建

會計專業國際化的目標是培養「國際化、高素質、應用型的複合人才」。重慶工商大學融智學院可以在現有國際化教學體系下，借鑑「雙融合」式教學體系，即「英語＋專業」融合式的理論教學體系和「會計理論＋實踐能力」融合式的實驗教學體系，從以下方面促進學院會計學專業國際化的發展：

(一) 優化「雙語教學」教學資源和教學條件

首先，提高學生的英語水平和專業基礎知識。雙語教學要求學生瞭解專業知識，具備一定的英語水平和雙語思維能力，這就要求學生培養語言能力和自學能力。培養學生語言能力，可以利用外教的口語課、英語角、英語辯論賽等形式充分調動學生聽說英語的積極性；有選擇地開設會計專業英語課，讓學生在已有的專業領域內慢慢熟悉一些會計專業術語的英語表達方式。在會計雙語課的教學過程中，教師應多與學生交流，鼓勵學生在課堂上踴躍發言，訓練學生用英語表達自己的思想和觀點。

其次，組織雙語教學團隊，培養優秀的雙語教學教師。高素質會計人才的培養在很大程度上將依賴於教師素質的提高，會計專業國際化教學的成功更是需要雄厚的雙語師資人才支撐，建設一支職稱結構、學歷結構和年齡結構合理的雙語教師隊伍十分關鍵。一方面，建立雙語教師培訓、交流和深造的常規機制，通過與國際上其他專業院校保持長期穩定的師資合作培養計劃，定期安排會計專業教師出國留學或訪問，或組織與支持教師參加國際學術交流活動，促進專業教師外語水平尤其是口語交際能力的提升。另一方面，確立青年教師帶職實習機制，有針對性地選拔一部分青年教師到國內外企業和會計師事務所等實務部門帶職實習，促進專業教師職業經驗和技能的累積和豐富，更好地實現理論和實踐的融會貫通，為會計專業國際化的可持續發展提供充足的國際化師資保障。

最後，選擇優秀英文原版教材，兼顧學生實際需要。財經類院校會計專業進行雙語教學時，選用的英文原版教材既要注重教材本身的科學性、實用性、系統性

和前沿性，也要考慮雙語教學對象的現實能力，即英語綜合應用能力和會計專業知識運用能力。此外，教材選取和講授還要考慮學生畢業后的就業去向。「關於會計專業雙語教學情況的調查問卷」的統計結果顯示：少部分學生畢業后計劃去國外留學；高達65%的學生仍要留在國內，其會計工作仍然處在國內的經濟環境中。因此，在選用英文原版教材的同時，應注意緊密結合國內會計業界實際，使學生在學習過程中能進行中外會計理論和實踐差異的對比，既可促進中國的會計專業教育與國際接軌，又可培養出綜合素質較高的會計專業人才。

（二） 創建國際化會計專業實驗、實訓室

首先，開展校企合作，與跨國公司進行訂單式人才培養，同時組建國際化會計教學實踐團隊。目前，高校會計教師團隊中，真正能做到理論實踐並重的老師不多，有涉外企業實際工作經驗的老師更是鳳毛麟角，很多老師都是畢業之後直接進入高校教書，相關的行業從業經驗不足。因此，學校可以發揮校企合作的優勢，一方面引進涉外企業的高級會計人員；另一方面派教師到企業實踐，作為實驗（實踐）指導教師掛職鍛煉，以此方式組建國際化會計專業實驗教學團隊的同時，積極聘請國際「四大」會計師事務所業務素質過硬、教學效果好的專業人士來指導國際化會計專業的實驗教學。在實驗教學師資培養方面，學校應出抬相應的政策，鼓勵專業教師進行國際化會計實踐。如與大型涉外企業會計部門進行科研合作；或者到國際「四大」會計師事務所、國內前十強會計師事務所、稅務師事務所參與它們的項目實踐；或者到英國、加拿大著名企業培訓三到六個月，使專業教師及時瞭解國際化會計理論、實務的最新動態，以此提升專業教師團隊的國際化會計理論及實驗教學水平。

其次，建立校內國際化課內實驗課程和綜合實驗課程。課內實驗課程應根據課程體系的設置來確定，如初級會計學、中級財務會計、成本管理會計、高級財務會計、財務管理、審計學等會計專業開設的主要課程，這些主要課程都必須設計實驗項目或方案。在課程內實驗項目的設計時，應以世界五百強公司、長江上游上市公司、重慶大型涉外企業為背景，以行業龍頭業務為依託，設計一系列能使學生具有國際化視野的課內實驗項目。此外，設置學科內的綜合實驗項目，在學生學習完一門課程之後，為讓學生進一步鞏固該課程的理論知識，應安排一週左右的時間，對該課程所涉及的實踐業務內容進行綜合模擬實習。綜合實驗項目需要精心設計，突出「整體」和「新」，必須把當前國際上出現的新情況、新動向作為背景資料融入綜合模擬實驗中。在學生學完大部分專業課的情況下，設立國際化會計綜合模擬實驗室，實驗項目可以涵蓋基礎會計、中級財務會計、財務管理、成本會計、稅法、審計等內容，這樣可以鞏固學生的知識，提高學生綜合運用能力。

參考文獻

［1］苟建華，傅昌鑾.會計學專業國際化應用型人才「雙融合」教學體系構建的思考［J］.浙江外國語學院學報，2011（3）.

［2］王文華，王衛星，劉罡.會計專業雙語教學改革與創新——基於國際化人才培養視角［J］.會計之友，2009（10）.

［3］張愛珠.國際化會計實驗教學的改進與創新［J］.財會月刊，2011（12）.

［4］陳豔利.基於國際化辦學的財經類院校雙語教學問題研究——以會計學專業為例［J］.東北財經大學學報，2010（5）.

會計專業國際化人才培養研究

趙　娜

當前，在全球經濟一體化、知識經濟化、中西方文化交叉和碰撞的大環境下，國際和國內形勢的變化日益快速且複雜。會計作為企業經營管理過程中的重要環節所體現的作用也愈發的突出和重要。目前，中國的許多高校都已經設置了ACCA、CIM方向的會計專業。這個現象表明國外的專業教育和考試不僅從國外走進中國沿海，而且正在從沿海走到內地。探索會計專業國際化複合型人才培養路徑具有重要的現實意義。

一、中國會計國際化的必然性

（一）會計國際化的含義

國際化是指由於國際交往的發展，客觀上要求各國在處理有關事務上，通過相互溝通、相互協調，從而達到採用國際規範和統一通行做法的行為。會計領域中的國際化行為，在會計界常簡稱為會計國際化。它是指由於國際經濟發展的需要，客觀上要求各國在制定會計政策和處理會計事務中，逐步採用國際通行的會計慣例，以達到國際會計行為的相互溝通、協調、規範和統一。

（二）中國會計國際化的必然性

第一，會計國際化是中國市場國際化的必然要求。中國作為世界經濟大家庭中的一員，不可避免地要進入國際市場，參與國際競爭，市場國際化的結果要求會計為企業進入國際市場和參與競爭提供真實、公允、能滿足國際決策需要的會計信息。因此要求中國會計慣例必須與國際會計慣例趨同。

第二，會計國際化是跨國公司發展的必然要求。跨國公司通過在國外設立子公司並享有其控制權和經營決策權而達到節約成本、降低稅負和風險、優勢互補、增加利潤、保持市場份額等目標。跨國公司的股東和債權人為了維護自身利益，

也要求跨國公司按國際慣例提供會計信息和處理利潤分配等會計事務。這就需要消除各國之間會計的差異，按照國際上公認的原則和方法來處理和報告跨國公司的經濟業務。

第三，會計國際化是國際貿易發展的必然要求。企業從事對外貿易，必然通過客戶提供的財務報告來分析評價客戶的資產實力、資信狀況和風險狀況。會計信息已成為各市場主體達成市場交易的重要媒介，其質量的高低直接影響市場交易質量的高低，並影響全球範圍資源的有效配置。

二、中國會計國際化現狀

（一）中國積極開展會計準則的基礎研究，不斷推進國際化會計準則建設

當今世界全球經濟快速發展，跨國企業不斷加強交流，使得完善的國際化會計準則將逐步展現其特殊的作用。從國際標準來說，會計準則的建設已經趨向於完善，功能也比較明確，其最明顯的成果就是現在指定的完備的會計準則已經有41項。

（二）重視國際化會計人才培養，完善會計人員培養教育體系

由於歷史原因，中國的會計國際化起步沒有外國早，在許多方面我們都要落後於別人，因此，在當下會計國際化成為必然的前提下，通過學習拉近差距是我們最好的選擇。

三、國際化複合型會計人才培養的實踐路徑

（一）國際認證：學歷教育+職業資格教育

目前，中國有近40%的高校辦有會計專業，會計專業的在校本科生占所有在校本科生的10%左右。全國高校會計專業的國際化教育的途徑主要是通過設立諸如ACCA或CGA培訓考試中心，舉辦ACCA班、CGA班和中外合作辦學等。目前已有20多所院校辦有ACCA班或者CGA班。

（二）聯合培養：國內+國外

2006年11月，中國內地與中國香港啟動了一項合作培養國際化會計人才的工

程，中國註冊會計師協會與香港會計師公會在京簽署合作備忘錄，計劃 10 年內合作培養 1,500 名取得香港會計師專業資格的內地註冊會計師。2007 年 1 月 1 日起，中國上市公司實施了與國際財務報告準則趨同的新會計準則，對通曉國際財務準則和實務的會計師的迫切需求是達成此項協議的原因之一。目前，香港會計師專業資格已經獲得北美、英國、南非、澳大利亞和新西蘭等地方的會計師組織認可。通過中國註冊會計師全國統一考試並全科合格的人員，在報讀香港會計師公會專業資格課程時，可以豁免「財務管理」及「核數及資訊管理」兩個科目的考試。

(三) 研修：實務+理論

許多高校在本科常規教學之外，舉辦多種高級研修班。研修班大多面向在職人員，但同時也針對全日制學生。研修班一般都以培養高層次、具有管理能力、能夠走向國際的複合型人才為目標，一般向學員頒發相關培訓證書。其權威性和培養的系統性雖不如國際認證和聯合培養，但卻是幫助會計人才走向國際化的快捷方式。

四、國際化複合型會計人才培養存在的問題

(一) 學生素質與培養質量差距明顯

目前，大學會計教育呈現兩種模式：一類是一些綜合性名牌大學，本科生招得非常少，所以這類院校基本上還是精英教育；另一類是像東北財經大學這樣每年計劃招 300 人，實際上要達到 400 人的普通院校，最明顯的現狀就是學生分數差距很大。

(二) 學校教育重視傳授知識，忽視培養能力

在很多學校的會計系或者是會計學院，學生普遍都比較沉悶。會計學院的學生，幾乎都是學校成績出色的學生，可是當舉行社團活動或是演講時，他們往往是最沉靜的。不少新的畢業生包括名校的高材生一開始連支票都不會開。會計工作當中使用的知識實際上有 15% 是從大學學習來的，剩下的大部分是從實踐中學習來和自學的。

(三) 高校教育的知識結構與能力框架不適應國際化的需求

課程體系方面，中國會計本科課程內容及課程的設置過於狹窄陳舊，過於關注技術規則及職業考試，未能及時適應會計行業變化的需求，未能適應會計人員

能力變化的需求。這主要體現在：會計專業課程設置和會計專業教材結構不合理；教與學的方法方面，會計教學過於強調課堂講授和記憶；教學模式、教學過程過於依賴課本，以教師為中心，缺乏創造性的學習。

五、國際化複合型人才培養建議

(一) 重新定位會計目標：國際化+複合型

教育程度取決於會計教育目標的正確定位，未來的中國高等會計教育的一個主要目標是培養國際水準的具有理論研究和複雜實務操作技能的高層次會計人才。這就要求當前的會計人才培養方案及所使用的教材都要體現這一目標的要求。目前各大學會計專業的培養目標日趨一致，那就是著重培養複合型的應用人才，使培養對象成為精通業務、善於管理、熟悉國際慣例、具有國際視野的高素質複合型人才。

(二) 改革課程體系：基礎+國際

會計教育的國際化要求會計課程進行改革。改革辦法一是增加國際會計課程和國際會計準則方面的課程，二是整合現有的會計課程體系。高校的會計教育擔負著傳播知識、培養人才的重要任務，因此，將國際會計準則的一些新知識、新理念適時地引入到教學中，並使之與中國會計準則有機地結合起來，是中國高校面臨的一個長期重大課題。

(三) 實施分層教育：大眾教育+精英教育

一是名牌院校的精英教育與普通院校的大眾教育區分，綜合性名牌院校如清華、北大、復旦、南大、廈大等著力培養具有國際一流視野的國際化高層次人才；二是普通院校包括專業財經類院校對會計專業的學生進行分層，分為面向國內會計界培養方向和國際市場培養方向。

(四) 革新教學方式：以學生為中心+實踐教學

要變「以教師為中心」為「以學生為中心」，從「傳授知識」轉變為「培養能力」，讓學生逐漸養成自我學習與不斷更新知識的習慣和能力，要不斷充實會計和相關專業的知識作為教學內容，採用案例教學等著重培養學生的動手能力，提高學生的實踐技能，完善教學方式，加強個人技能和人際溝通技能教育，使會計專業畢業生具備更高層次的通才技能，全面滿足社會進步對會計專業人員的要求。

（五）加強師資隊伍：現代教育理念+合理知識結構+實際工作經驗

高等院校必須加強會計專業師資隊伍建設，逐步形成一批高素質的能夠適應國際化會計人才培養要求的教師隊伍。①提高教師的選聘標準。可以引進實踐經驗豐富的高級會計師、註冊會計師等擔任會計教學工作；同時，高等院校應適時選派教師到會計工作第一線進行實踐鍛煉，並參加相應的專業技術資格考試，取得相應資格證書，不斷提高教師的理論水平和實踐能力。②優化教師的考核標準。③加強企業與高校教師開發涉及企業所面臨的實際問題的橫向課題，如企業業務流程的設計、內部控制的設計、財務管理流程的設計、信息系統的設計等。這些內容不僅涉及會計類或管理類知識，還涉及各種相關專業技術知識。這些橫向課題是培養高校教師實踐能力和執業判斷能力的最好方式。國際化教育是一個系統工程，單一的教學改革不能促成真正的國際化。真正的國際化教育包括培養目標、課程體系、教學管理、學生工作、師資與科研等諸多方面在內。國際化的目的是培養國際化的中國人，而不是中國人的國際化，要堅持為我所用、以我為主，要將中國的實際融入國際化過程中，從引進、嫁接、合成、本土化、國際化這五個方面進行具有中國特色的國際化複合型人才培養。

參考文獻

[1] 郝曉嵐. 淺談中國會計實務的國際化 [J]. 科技創新導報，2011（22）.
[2] 陳文浩，鞏方舟. 改革開放三十年中國會計國際化進程 [J]. 新會計，2009（1）.
[3] 王純. 淺談中國會計國際化的現狀 [J]. 東方企業文化，2015（15）.
[4] 何丹，吳芝霖. 創新型會計國際化人才實踐教學模式研究 [J]. 財會月刊，2014（14）.
[5] 石光宇. 關於會計國際化的探討 [J]. 財經界：學術版，2013（21）.
[6] 薛梅. 會計準則國際化分析 [J]. 行政事業資產與財務，2013（22）.
[7] 張復生. 會計中立性及其對審計的影響 [J]. 財會月刊，2010（10）.
[8] 王開田，胡曉明. 中國會計國際化與國際會計中國化的文化思考 [J]. 會計研究，2006（7）.

國際化會計人才培養模式的研究

陳元媛

一、引言

2001年12月中國加入了世界貿易組織（WTO），使得中國的對外貿易、對外投資和對外金融日益增加，國內的會計環境也發生了巨大的變化。全球化的經濟環境，一方面需要中國的會計準則與國際會計準則盡可能地保持一致；另一方面對中國的會計人才提出了新的要求，迫切需要具有國際化視野，熟悉國際會計準則、國際會計慣例，精通國際會計知識和熟練掌握會計操作技能，具有紮實外語交流能力的綜合型會計人才。會計國際化進程不僅包括會計準則的國際化，而且包括會計教育的國際化。對於國際化會計人才的培養，國家批准了若幹所高校設立國際註冊會計師專門化專業，積極引進國際專業會計機構從事會計國際化的教育。目前在中國開展國際化會計教育的國外專業會計團體，主要有英國特許公認會計師公會（ACCA）、加拿大的註冊會計師協會（CGA）以及英國特許管理會計師公會（CIMA）等。高等院校是會計人才培養的重要基地。現階段國內已經有很多高校開設了ACCA、CGA等國際會計專業，培養國際化的會計人才，以滿足經濟環境的需要。雖然很多高校開設了國際化會計專業，但在國際化會計人才的培養模式等方面還有待改進。

二、中國國際化會計人才培養模式存在的問題

中國在1999年頒布的中共中央國務院《關於深化教育改革全面推進素質教育的決定》中提出：「加強課程的綜合性和實踐性，重視實驗課教學，培養學生實際操作能力。」而在2015年5月4日國務院發布的《關於深化高等學校創新創業教育

改革的實施意見》中指出：「改革考試考核內容和方式，注重考查學生運用知識分析、解決問題的能力，探索非標準答案考試。」教育改革由原來的重學生操作能力到現在的重學生解決能力都體現出實踐的重要性。學生只有通過實踐才能提高其操作能力、分析問題和解決問題的能力。而實踐的缺失正是中國國際化會計人才培養模式中存在的重大問題。

此外，中國國際化會計人才培養模式還存在著培養目標不明確等問題。

1. 國際化會計人才培養目標不明確

高校在設置專業前，都會制定專業的培養目標。它是專業人才培養的總體要求和導向，直接決定著人才培養的過程。國際化會計人才培養目標的內容是比較模糊的，內容看似比較詳細，實則比較理論化，在實際執行過程中往往難以達到預期的效果。高校開設的國際班往往存在定位不明確的問題，沒有將學生未來的就業方向與學生學習的專業知識相結合，僅僅是為了突顯「國際」，吸引學生來學習，但是對於學生未來就業方向的定位比較模糊，造成學生進入國際班后很難做出未來的具體規劃，對未來的就業方向也不是很明確。很多高校開設國際班的目的就是與國際接軌，為現在的新興經濟市場培養更高層的人才。但是由於其對市場缺乏針對性的瞭解和調查，導致培養國際會計人才的目標不明確。現階段高校培養國際化會計人才普遍存在「重國際準則、輕國內準則」的問題。

目前，國際化會計人才培養模式把「國際準則」放在首要位置，過分強調「國際化」，比如中澳會計專業合作項目、ACCA 和 CGA 等合作項目，學習得更多的是澳大利亞、英國和加拿大的會計準則。雖然會計準則國際趨同步伐日益加快，但是會計準則始終具有「國家化」的特點，即各個國家會計仍然有自己國家的特點。而中外會計合作項目的開設也僅僅是學習某一國家的會計準則和處理方法，但並不是國際化會計專業人才的培養目標。

現階段高校開設的國際化會計班學習的是國外的會計準則和會計處理方法。而國內的會計準則和國際會計準則還是有區別的，這就使得學生只熟悉、掌握國際會計準則和慣例，而不瞭解本國的會計準則和處理方法。還有很多高校開設的 ACCA 班，學習的是英國的會計準則和會計處理方法。但英國會計處理與國際和國內也有所區別，而且並不是所有 ACCA 班畢業的學生都能完全通過 ACCA 考試，獲取 ACCA 證書，去英國從事會計工作或者會計深造，大多數畢業生還是在國內就業，這就使得這些學生很難從事國內的會計工作。並且，即便是進入外企工作的學生，也會面臨與國內企業有關的會計類業務，如進入「四大」工作的同學。雖然「四大」是國際性的事務所，但是現在很多國有企業和大型上市公司會聘請「四大」作為自己的審計單位，使得「四大」審計人員的審計對象仍有大量是國內企業，而對於業務在國內的企業更多的是使用中國會計準則。這就要求畢業生必

須同時掌握中國的會計準則和相關法律法規。所以，國際化會計人才的培養必須實現「國際化」與「國內化」相結合的教學模式，實現綜合型會計專業人才的培養目標。

2. 國際化會計人才的培養輕實踐

培養目標的不明確，導致國際化會計人才培養的教學方法比較單一，僅加強理論知識的學習，缺乏一定的實踐教學，沒有提升學生的專業技能。因此高校在培養國際化會計人才方面普遍存在「重理論知識、輕實踐經驗」的問題。

目前國內高校開設的國際會計班基本沿用的是國外的課程體系，如上海財經大學、西南財經大學和中南財經政法大學等財經院校採用的是 CGA 和 ACCA 的課程體系。這是國際認可的會計職業機構，形成了先進的培養理念和合理的課程設計，能培養綜合型的會計專業人才。各高校在引用這些課程體系的過程中，會因為教學理念、教學方法和教學資源等方面的限制，使其先進的理念很難付諸實踐。以 CGA 課程體系為例，課程設計包含很多商業案例實踐課程，但是很多高校課堂仍然採用傳統的以教師為主導的教學模式，即便是採用案例實踐課程，也缺乏一定的啟發式教學和互動式教學，難以提高學生的實踐能力、分析問題和解決問題的能力以及創新能力。

越來越多的高校開始注重會計實習教學，但是在實施和操作過程中缺乏嚴格性和規範性。雖然高校都要求學生走進事務所、企業去學習，將理論知識運用到實踐中，累積一定的實踐經驗，在實踐中提升專業知識。但是現階段國際化會計人才的培養缺乏校外實習教學。一方面國際化會計人才培養需要具有國際背景、擁有國際業務的大中型企業作為實踐教學平臺；另一方面需要建立穩定的校外實訓基地。而很多高校在建立平臺和基地方面嚴重缺失，學生僅僅在課堂上學習了理論知識，而沒有在實踐中檢驗，這樣就很難讓學生在學習理論基礎時提升自己的實踐工作能力，無法將專業知識運用到實踐中，從而難以提升專業技能。因此，高校在加強國際化項目合作的同時，需要建立穩定的、具有國際化背景的實訓基地，為學生提供良好的實踐平臺。

3. 缺乏一定的國際化會計實踐資源

會計不僅需要理論的學習，更需要操作實驗，二者是密不可分的。操作實驗需要大量的教學資源，包括實驗室資源和實驗指導教師資源，實驗室的設施設備、硬件軟件都需要完善，而指導實驗的教師也要具有豐富的實踐經驗。但是，中國高校建立國際化會計的實驗項目難度較大，相應的資源也很難完備，並且缺乏具有國際化會計實踐經驗的指導教師。

很多高校在開設會計學專業的過程中，都會購置國內常用的財務軟件（如用友、金蝶和 SAP 等）來建立財經綜合和金融綜合等實驗室。通過開設會計實驗課，

讓學生熟悉和掌握常用的財務軟件的操作流程，將理論知識運用到實踐中。而實驗項目大多以製造業會計為背景，模擬的內容較為單一，但實踐中的業務往往比較複雜。而對於國際化會計人才的培養，還沒有開設國際化會計的實驗課程，缺乏具有國際化背景的會計實驗資源與網路平臺相結合的實驗課程及實驗項目。這樣學生雖然使用的是原版教材，但並沒有相對應的實驗模擬操作，學生很難提升專業技能和實踐能力。

現在，大多數會計模擬實驗指導老師都是由會計專業教師擔任，而多數教師都是從學校畢業後直接從事教學工作，缺乏企業財務會計的實戰經驗，更沒有涉外類型企業的會計工作經歷。因此，在涉外類型的財務會計類模擬實驗教學環節，僅能依靠自己對於財務會計的理解和想像來指導學生實驗。而理論跟實踐還是有一定的差距，這就使得教師的指導和解釋缺乏真實性，也使得學生更難理解，並且難以發現和解決會計操作的問題，更多的是被動而機械地接受會計的操作流程。倘若不改變這種現狀，很難培養出適應國際化的應用型會計人才。

三、國際化會計人才培養模式的構建

會計人才培養模式是對會計人才培養過程的一種設計和管理，主要包括培養目標的確定以及培養方式的制定等內容。對於國際化會計人才培養而言，應該以就業市場對國際化會計人才的需求為導向，結合學校的實際辦學條件和資源優勢，明確國際化會計人才的培養目標，優化培養過程，完善培養評價制度，最終達到既定的培養目標，適應市場的需求。

（1）針對就業市場對國際化會計人才的需求以及國際化會計人才培養模式的內容制定國際化會計人才培養目標。

（2）根據既定的國際化會計人才培養目標制定出對應的人才培養模式，包括課程體系、教學方法、師資建設三大方面。具體如下：

①課程體系，不僅包括所對應的專業學科課程，如ACCA和CGA等課程體系，還應該包括國內會計準則和會計學課程。讓學生不僅瞭解國際會計準則，還要瞭解國內會計準則。在課程設置過程中更偏重於會計專業知識。

②教學方法，即將案例教學與實踐教學相結合。具體有以下兩個方面：

其一，傳統的理論教學是以教師講授理論為課堂的中心，學生缺乏一定的主動性和積極性。在教師講授理論的基礎上，需引入案例進行分析和討論，把會計實務中的最新案例帶入課堂中，引導學生積極思考和分析，訓練學生的分析判斷能力和解決問題的能力，建立「以學生思考為主，以教師講解為輔」的課堂案例

教學模式。

其二，實踐教學包括課內實踐、課外實踐兩個方面。課內實踐，是指在原有國內會計專業實驗的基礎上融入涉外的實驗項目，將國際結算、涉外稅務和國際動向納入實驗項目中，讓學生不僅熟悉國內財務軟件的會計處理流程，還熟悉國外財務軟件和業務處理流程，使學生熟悉財務軟件，提高實際工作能力以及處理國際經濟業務的能力。課外實踐，是指針對國際化會計方向的學生：第一，高校可以與國外高校開展寒暑假交流項目，讓他們體驗全英文的生活和學習環境，體驗國外高校的教學模式和方法，與國外同學進行交流和討論，有助於學生對「國際化」有深刻的感受和瞭解。第二，積極鼓勵學生參加教師的科研項目和案例比賽，特別是針對國內會計準則和國際準則趨同等問題的相關研究，加強學生的理論學習；學生參加案例分析比賽，可以訓練其掌握知識的能力以及提高綜合素質。第三，建立校外實習計劃。很多外企都會有精英計劃，為高校非應屆畢業生提供實習和工作機會。國際化會計方向的學生具有良好的語言和專業優勢。學校可以與這些外企建立合作關係，為其培養專業的人才。第四，高校還可以與境外企業或機構合作，開展境外實習項目，為國際化會計方向的學生提供接觸國際業務的實習機會，鍛煉學生實際操作能力。

將理論與實踐相結合的教學方法是國際化會計人才培養模式的現實選擇，將有利於學生專業知識的累積以及專業實踐能力的提高。

③師資建設。要培養出國際化的會計人才離不開具有國際化水平的教師。作為國際會計專業的任課老師，應該熟悉國內外的會計準則和會計專業的理論知識，能夠流利和熟練地運用英語進行教學，掌握國際會計的動向，具有較強的實務操作技能等。一方面，與國際知名院校合作辦學可以加強師資隊伍的建設，可聘請國外院校教師作為本校教師；另一方面，高校應培養自身師資的學術水平、外語水平和教學實踐能力，定期安排教師出國留學或訪問，與國內外其他教師進行學術交流和研討活動。此外，還可以聘請具有國際企業實務經驗的老師作為本校教師，建設高水平的師資隊伍。

(3) 完善國際化會計人才培養的評價制度。

根據市場對國際化會計人才的需求、國際化會計人才培養的目標、對培養過程進行的監控，應完善對培養模式的評價制度，客觀評價培養人才的質量，及時對培養目標和過程進行信息反饋和調整。讓學生、教師、企業三方面共同參與評價，有利於高校瞭解市場需求，及時調整國際化會計人才培養的目標。

四、總結

　　針對中國國際化會計人才培養模式存在的問題，案例與實踐教學相結合的教學模式，是培養國際化會計人才的重要手段，也是對會計傳統實踐教學體系的創新。

參考文獻
[1] 劉淑花，陳英. 基於市場需求的國際化會計人才培養模式的構建［J］. 經濟師，2012（9）.
[2] 陳英，林梅，吳海平. 國際化會計人才培養研究——基於高校與企業視角［J］. 黑龍江高教研究，2015（10）.
[3] 高小蘭. 培養複合型國際化會計人才研究［J］. 經濟師，2015（9）.
[4] 高媛. 會計國際化背景下地方本科會計教育課程體系改進的建議［J］. 時代金融，2015（27）.

企業國際化對財務管理人才培養的影響

韓冬梅

中國的市場競爭越來越激烈，面對嚴峻的優勝劣汰的市場環境，很多企業開始尋找新的發展方向，走國際化道路成了企業尋求發展的新出路。但是在向國際化發展的過程中，由於各國的文化差異、制度差異等原因，企業可能面臨嚴峻的財務風險，在財務管理工作以及財務管理人才的選擇上也不得不做出相應的調整，以更好地適應國際化趨勢。既然企業在人才選擇上有了相應調整，那麼對於為社會輸送人才的高校，在財務管理人才的培養上應該更加注重適應國際化的大方向。

企業國際化現狀分析

近年來，由於國內市場競爭激烈，很多企業通過收購國際高品質的大品牌消費品企業來增加自身的市場競爭力。在這樣的市場背景下，中國企業海外併購的數量和規模有了明顯增長，比較典型的有2015年3月22日，中國化工通過全資子公司中國化工橡膠有限公司與全球知名輪胎生產企業倍耐力（Pirelli）的大股東Camfin達成協議，以71億歐元（約合77億美元）收購倍耐力大部分股權。2015年2月10日，萬達舉行「重大海外項目收購」簽約儀式，宣布收購全球第二大體育營銷公司——瑞士盈方體育傳媒集團（Infront Sports & Media）。根據相關部門的監測數據，截至2015年11月底，中國內地企業海外併購交易宗數為487宗，同比增長66.78%；披露交易總金額約為2,392.19億美元，同比增長191.83%。

企業財務管理人才的現狀分析

現階段，中國大部分企業的財務管理工作還停留在傳統的模式上，財務管理人員的大部分工作還耗費在事後反應上，信息缺乏前瞻性，因為滯後的財務信息

不能有效地為企業決策提供有效的支持。大部分財務管理人才的整體素質還不高。首先，財務人員在制訂計劃時，對於現有的生產組織方式、生產產品的結構安排以及客戶的有效分類等方面不能做出準確的判斷，對於如何處理部門間利益衝突以實現公司價值最大化這樣的重要決策也不能提供有效的財務支持。財務人員的工作內容大部分還停留在管控層面。他們習慣於事后評判對錯，不與企業其他主體深入分析對錯的原因所在，所以不能為改進工作提供決策意見，最終造成企業的財務人員與業務人員、經營人員在決策上的脫離，對正確決策的制定和改進產生不利的影響。其次，我們現有的一些企業中，財務人員接觸的還是陳舊的計算機系統，戰略、市場、效率、價值等新的管理理念在傳統的財務管理系統中沒有得到充分的重視。最后，財務人員對市場游戲規則和與國際經濟接軌的知識掌握不夠，不能深入地理解現代化管理理論，從而不能做好財務理論和方法的有效創新。

國際化對財務人才的新要求

自從中國加入 WTO 后，越來越多的企業加入了全球市場競爭中，在這樣一個新環境下，企業的財務人員也應該提高自身的專業素養，學習國際會計準則和國際企業財務管理經驗，接受更多新管理理念。這也對高校的人才培養模型提出了更高的要求。

首先，國際化趨勢要求我們培養出來的財務人員要瞭解國際企業財務管理的特點，比如匯率的變動如何影響企業的經營活動和投資活動的風險與收益，以及如何規避匯率風險；還要瞭解企業在國際化過程中面臨的市場不完全性帶來的各種風險。在跨國經營中，會形成多層次的母子公司關係，伴隨而來的就是多層次的委託代理關係，這就要求我們的財務人員要能夠從集團公司整體出發，根據全世界的商品和金融市場，在全球範圍內合理配置和有效利用集團公司資金，並能夠對處於不同國家的分公司進行合理的績效衡量，在全球範圍內形成有效的財務控制體系。對於國際化經營的企業來講，財務人員在財務管理工作中不僅僅面臨更廣泛的工作範圍，面臨的情況也更為複雜，匯率的變化、各國不同的利率和不同的稅率等因素都將影響到跨國企業的利潤。財務人員在分析績效時不得不考慮到這些因素，但前提是要瞭解和準確掌握這些方面的知識。同時，與國內經營相比，跨國企業還面臨更加複雜的政治風險、法律風險和財務風險。這也要求財務人員能夠及時、準確地把握全球經濟的新動向和子公司所在國家的政治和法律環境。

其次，企業國際化也要求財務人員要瞭解國際會計準則和有關國家的具體法律。中國的新會計準則已經實現了和國際會計準則的趨同。為了適應經濟全球化的要求，財務人員在深入瞭解國際會計準則的基礎上，還要兼顧有關國家的法律、文化背景，瞭解會計發展狀況，在吸收先進技術和優質品牌的同時，保護好我們的自主品牌。

最後，國際化經營還要求財務人員要熟知國際金融、國際貿易和國際投資等方面的知識，學習國際結算等方面的專業知識，才能在實務中根據具體情況選擇合適的結算方式。學習跨國公司理財、併購與重組以及國際稅收等方面的知識，才能做到合理避稅，達到合理降低稅負、提高利潤的目的。

國際化下高校財務管理人才培養模式的建議

國際化已經成為企業尋求發展的新方向，在開放的全球經濟體系下，企業的競爭乃至國家間的競爭歸根到底是國際化人才的競爭。作為培養人才基地的高校，人才培養國際化將成為高校培養人才的重要途徑。作為專業化程度較高的財務管理專業，培養國際化財務管理人才將成為財務管理專業發展的重要方向。為了實現財務管理人才國際化培養的目標，現提出如下幾點建議：

首先，以企業人才需求為導向，準確定位人才培養目標。

目前，中國的財務管理專業人才培養目標過於注重基礎知識和基本技能的培養，忽略了實踐經驗的傳授和能力的培養，在一定程度上影響了學生的就業能力，在人才的目標定位方面偏離了企業的人才需求。隨著企業國際化進程的不斷加快，財務管理作為企業一項重要的管理工具，也日趨國際化。財務管理人才培養應該順應這個大潮流，以企業的需求為風向標，以解決實際問題而不是理論研究或教學為導向，以培養適應社會主義現代化建設的財務金融應用型國際化複合型人才為目標。積極探索財務管理專業國際化人才培養模式，借鑑發達國家財務（金融）管理專業課程體系，使學生能更好地適應國際化的要求。培養的財務管理人才應該具備紮實的外語技能，掌握先進的計算機系統，熟悉國際金融、國際貿易和國際投資等方面的知識，具有較強的日常財務管理、財務決策能力。只有明確了這個目標，並付諸合理的實踐努力，才能培養出國際化、高素質、應用型的複合型財務管理人才。

其次，建立符合國際化的課程體系。

在國際化的大背景下，中國財務管理專業要建立符合國際化的課程體系，就要借鑑西方教學課程結構，精選教學內容，優化專業的知識結構。財務管理專業

應該增加一些像國際關係學、國際文化研究、國際政治學、國際法等具有國際化內容的課程。這些課程涉及國際社會、政治、文化、法律等方面的知識，開設這些課程有利於學生接受全方位的國際化教育。另外，對部分課程應該選用優秀原版教材實行全英文教學。這樣做不僅增加了學生的專業知識，還增強了學生的英語的聽說能力，使學生能更好地適應國際化的要求。為了保障全英文教學的有效進行，應該提高對學生的外語知識要求，加強外語的聽說能力培養，從課時量的安排和課程設計上適當加強英語課程教學。同時，全英文教學也對我們的師資隊伍建設提出了更高的要求，應鼓勵教師出國進修培訓，接觸國際財務案例，多參加國際學術會議。同時，聘請財務管理專業高質量的外教，提高了教師隊伍的國際化水平，是對我們國際化課程體系設計的有力保障。

再次，改革教育教學方法。

在國際化趨勢下，我們要改變傳統的「老師負責講，學生負責聽」的教學模式，應該吸收西方教學的新理念和方法，在課堂教學中充分考慮國際教學的新方向，有針對性地改革財務管理專業的課堂教學方法和手段，讓學生不僅僅是課堂上的聆聽者，更能夠充分參與到課堂教學中來。為了實現理論學習和實踐應用的有效結合，應該多組織一些分組討論案例的活動。有兩種案例討論的方案，第一種方案，除了講解一些重難點之外，應該選擇一些緊扣教學內容、現實性和啟發性比較強的案例，給學生留出一定的時間進行案例討論，以培養學生的獨立思考能力和分析判斷能力，在這個過程中，老師的角色就是引導者和點評者。第二種方案，是在教學過程中，鼓勵學生充分利用互聯網資源，給學生預留一些作業引導學生自己查資料，比如某大型企業的跨國併購案例，讓學生自己通過網上搜索瞭解案例的具體情況，並分析其中的問題，結合教材上的理論知識提出相應的解決方案，將最終成果做成 PPT 的模式在課堂上展示並做詳細講解。這個過程不僅提高了學生的財務管理專業素質，還增強了學生上臺演講的膽量和氣魄，對於財務管理專業人才的綜合素質培養有很大幫助。

最後，將國際資格認證體系引入人才培養中。

既然我們的培養目標是具有全方面國際業務的財務人才，那麼要想提高財務人才的國際認可度，就需要把國際資格認證體系引入我們的人才培養方案中來，這也是提高我們財務人員國際競爭力的重要戰略。目前財務管理國際資格認證體系主要包括美國國際財務管理協會認證的國際財務管理師（IFM）、美國特許金融分析師協會認證的美國註冊金融分析師（CFA）、美國管理會計師協會認證的美國註冊管理會計師（CMA）、英國特許管理會計師公會認證的英國特許管理會計師（CIMA），其中，美國註冊管理會計師已納入中國高級財務管理人才重點考評體系。在我們的教育教學過程中，可以考慮對學生進行有效分類，有針對性地進行

國際化人才培養。這些特定的教學班，將課程內容與國際資格認證的考試科目相連接，使學生在學習專業知識的同時拿到了國際執業證書，職業能力得到了一定的證明，為其未來的就業提供了有力的保障，使高校的財務管理專業培養也真正實現了向國際化應用型的轉變。

小結

隨著一樁樁企業跨國併購的實施，中國企業的國際化進程加快，對作為企業重要主體之一的財務管理人員綜合素質的要求也越來越高，傳統的財務管理人員已不能滿足企業國際化經營的要求。高校是向社會培養和輸送人才的重要基地，也應該順應國際化大潮流，敢於借鑑發達國家的教育教學理念，準確定位國際化人才培養目標，更新課程體系，改革教育教學方法和模式，努力培養出適應社會需要的高素質國際化財務人才。

參考文獻

［1］李希志. 中國企業國際化的財務轉型［J］. 財稅縱橫，2010（29）.
［2］費忠新. 民企函待培養國際化財務管理人才［J］. 人才開發，2008（2）.
［3］楊忠智. 財務管理專業國際化人才培養模式的思考［J］. 會計教育，2015（9）.
［4］陳雪紅，彭娟. 國際化財務管理人才培養模式研究［J］. 高教研究與評估，2014（6）.
［5］陳瑾，莊文岩，尹玥. 財務管理專業國際化人才培養的教學改革系統研究［J］. 經濟師，2012（3）.

大數據下獨立學院的
國際化人才培養模式
——定制式三全六化培養模式

王婧婧

引言

對於「教育有共性，知識無國界」的理念我們並不陌生，只是沒有合適的機會和條件將這一理念得以充分的詮釋和有效的落實。隨著中國「一帶一路」的順利開展和全球共享模式的大規模拓展，「無牆化知識，高頻率互動」已成為世界各國高等院校之間相互交流合作的新常態。獨立學院對學生的培養模式在高等教育國際化數據化的大環境下，如何做到與世界各國高等院校會計信息化人才的培養步伐同頻率、同質化，如何實現與企業人才需求的成功對接，成了其領導與教師關注的重點。

華東師範大學任友群教授在《「雙一流」戰略下高等教育國際化的未來發展》一文中提出，「國際化」並不只是簡單地增加交換生和在校留學生數量，不只是多召開幾次國際會議或多延聘幾位外籍教師，不只是多開設幾門外語課程或多設立幾個「國際日」，更重要的是通過國際化，更新教育理念、教育內容和教學方法，引發教育改革發展的「連鎖反應」。中國高等教育學會會長瞿振元在《高等教育國際化：要 Global 更要 Glocal》一文中提出需要解決中國高等教育質量問題，需要同時推進體制機制的改革和教育教學的改革，要「雙輪驅動，協調推進」。清華大學副校長楊斌在《高等教育國際化：趨勢、評價和挑戰》一文中提出，高等教育國際化的發展趨勢是從學科分佈多元化到全球化校園的構建，而不僅僅是國際教育，教育國際化的形式和內涵發生了質的轉變，並強調未來的趨勢是教育理念由「教」到「育」、由「附加式教育」到「嵌入式教育」的轉變。在衡量指標方面，除了以教師和學生作為衡量指標之外，教育知識體系的國際化涉獵程度即教材和研究

的內容也成為衡量教育國際化程度的重要指標之一。

縱觀上述文獻，學者們的研究較多側重於高等教育的發展趨勢，涉及針對獨立學院的國際化人才培養方面的研究文獻還較少。

一、獨立學院的「三全六化」國際化人才培養思路

在全國各大媒體和我們的日常言談中，中國教育是最容易受到批評的。這就出現了很奇怪的現象，一方面大家都在講素質教育，另一方面又覺得素質教育行不通；一方面強調不斷總結、不斷創新，另一方面卻走不出總是亡羊補牢的惡性循環。獨立學院，此現象更為嚴重。究其根本原因，一是因為在教育面前從沒有建立一套匹配學生、匹配老師、匹配課程、匹配管理的高效、可行、可信的追溯體制，而是主要依賴於家長、學校、教師的主觀判斷，缺少了些許的客觀性和真實準確性；二是因為我們現在較多地施行的是孔子的教學理念即教人多於育人，使得學生缺少了自主思維、自主完善的靈性。其中，這裡的溯源就是追溯學生、老師、課程、管理等的信息，例如一名學生的溯源，就是追溯學生的生長環境、家庭特點、教育背景、興趣愛好、性格特點、為什麼學習、怎麼學習、學習之后會怎樣等。這種可追溯性一方面有利於家長、學校、學生進行過程控制，另一方面有利於學生自我完善、學校因材施教。隨著大數據可視化系統在中國各行各業的不斷應用與完善，數據分類儲存將由標示平臺把繁雜散亂的信息系統歸檔，提取查閱方面由掃碼 APP 設計完成。這種理念應用到獨立學院針對國際化人才的培養上，將為加快國際化人才的培養步伐多提供一種可能的嘗試。本文從兩方面來詮釋：一是從對現行獨立學院課程管理的改善上，增加教育成果的可溯性；二是從對現行獨立學院課程內容的改善上，提升育人的可造性。

（一）對獨立學院課程形式上「三全」的改善

獨立學院在中國高考本科層次錄取批次和錄取順序中排在第三位，是根據全國統一高考錄取的方式進行錄取的。獨立學院與其他批次的主要區別在於其辦學的性質多數屬於民企合辦、「公」「民」合辦，其接收學生的高考成績屬於中等偏下，其教師隊伍年輕，無經驗教師多於經驗豐富的教師。獨立學院學生的特點在於應試性、無目標性，完成任務的比專心研究的學生多、目標迷茫的比目標明確的多、不能約束自己的比能約束住自己的多。針對以上特點，獨立學院在課程的形式上實行全程可視、全程留痕、全程交流，在可視的環境下引導學生自省、自

悟、自查，並充分地記錄每一個留痕的節點，全程進行交流。開設一門課程的時候多一些交流與疑問，比如「開設這門課有沒有用?」「開設這門課學生會學到什麼?」等。在課程形式上多關注學生的感受，多些客觀的依據，少些主觀意識的支配，多些主動的探索，少些盲目從眾，才能使學校實現對正確的人施行正確的引導，使學生對自己的成長有可參考的回顧，使家長對孩子的發展不孤注一擲，增加教育成果的可溯性。獨立學院課程管理上的改善如下圖所示。

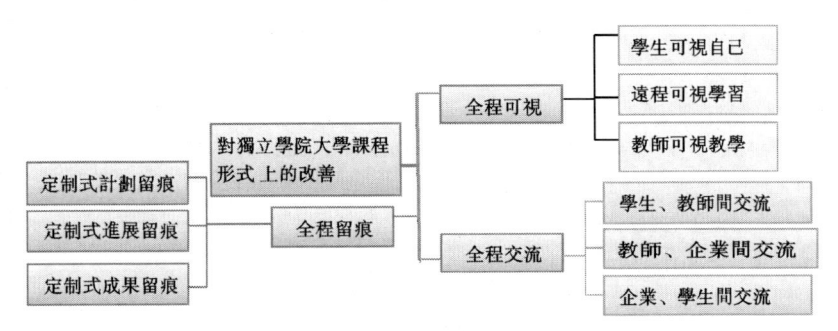

獨立學院課程形式上的改善

(二) 對獨立學院課程內容上「六化」的改善

獨立學院的學生較高等一本和二本的學生在就業形勢上要艱難很多，並且獨立學院的學生學習的專業程度高不成低不就，理論不如一、二本學校的學生紮實，實踐不如專職學校的學生熟練，但是，獨立學院的學生的學習能力並不比高等一本和二本的學生差，他們更缺少的是對自己的負責程度。大數據的到來，雲教育平臺的全面推廣，一方面可以幫助學生明確自己的成長進展，具有延展性地追蹤學生成長的步伐；另一方面可以增強學生學習知識的興趣，激發學生自我學習、自我思維、自我省察的能力。基於此，獨立學院在課程內容上可從如下六個方面（簡稱「六化」）進行改善：

1. 成績判定智能化

對於學生最重視的成績，實行智能化判定：不再將卷面成績作為考評的最大基數，而是增加了平時成績的比重，並且智能地對卷面進行分析；學生成績不僅體現分數問題、知識點掌握的程度，還智能地與學校設計的專業計劃、學生的培養方案聯接起來；不僅可以通過編程思想追蹤臨界學生動態，還可以對臨界學生運用智能化配套的可行辦法。

2. 學生管理可視化

對於學生的管理，不僅是學習成績的管理，還包括學生思維、學生性格、學生自我約束水平的管理。大數據通過「痕跡」可以合理實現對學生管理的可視化，通過可視化讓學生管理自己。根據心理學，每個人都渴望被他人評判，在某種程度上希望被「看見」。課堂教學在感性激勵的同時，通過可視化系統，讓學生在無聲的語言中認識自己每一個成長階段的成長過程，認識自己的優點和不足，培養「美」的意識，不斷展示自己更美好的一面，學會自我約束、自我調整，從而通過自查、自省不斷地自我完善、自我進步。

3. 考察過程便捷化

對於學生的考察，應該作為一項工作量不大、操作難度不高、教師抵觸心不強的日常工作，而不因考察過程過於複雜、雜亂而揪心。所以，為了提高對學生管理的效率，應該使考察的過程更趨向程序自動化，實現便捷化，減少工作量和操作難度，提高教師工作熱情。

4. 知識學習多樣化

我們在知識學習上一直強調多樣化，但這並不是盲目地擴大學習知識的種類、增加學習知識的方式，而是不忘當初強調知識學習多樣性的初衷，也就是多維度地提升學生自我學習和自我思考的能力。我們的目的在於培養學生可以在生活中、工作中、個人成長中對遇到的事情形成自己的立體的、有條不紊的框架結構，而避免把自己變成老師教什麼就是什麼的「知識容器」。每一個學科的知識並不是獨立存在的，而只是紛繁複雜知識網中的冰山一角。當我們通過知識學習的多樣化養成了良好的學習習慣，形成了自我獨立思考的能力時，才算達到了我們教學的真正目的。

5. 教師素質綜合化

教師素質的綜合化從以下三方面來講：第一，樹立定制性培養理念，搭建企業需求與學生發展、學生發展與學生興趣、學生興趣與學習素養間的優質橋樑；第二，充分利用互聯網資源，合理搭配遠程教育課程，有效選擇企業實訓課程，充分安排學生實習活動，使本校教學模式與國外學校間、國外企業間、國內學校間、國內企業間的步調趨向一致，實現教育—實習—就業一條龍體系；第三，豐富教師團隊，吸納多元化教師人才。

6. 學生培養系統化

學生培養系統化從以下三方面來講：第一，實施線上線下相結合的教學管理模式，線上依託優質的遠程教學資源，由國內外專家共同為學生進行雙語授課，線下依託學校教師與企業間的合作為學生答疑解惑；第二，做好定制計劃，從計劃中使學生明確為什麼要學、學什麼、怎麼學、學了會怎樣等信息，做好節點控

制方案，對計劃的成功運行做節點總結與控制；第三，為學生提供教育—實習—就業一條龍通道，培養針對企業所需的定制性人才。

二、獨立學院的「定制式三全六化」國際化人才培養模式

獨立學院的「定制式三全六化」國際化人才培養模式由兩部分構成，一部分是課程管理上「三全」化改善；另一部分是課程內容上「六化」式改善。其中，課程形式上「三全」式改善包括：全程可視，即實現學生可視自己，可自查自省；遠程可視學習，即不被本校的教師資源所禁錮，充分運用國內外專家的專題教學；教師可視教學，即教師通過對自我教學的可視，完善教學，並與學生需求、企業需求、知識更新相匹配。全程留痕，即定制式計劃留痕，使學校—學生—企業間需求與供給步調相一致，量身定制式地為學生明確學習的目的；定制式進展留痕，幫助教師在教學中充分掌握對定制式計劃的執行程度；定制式成果留痕，在定制式的教育成果中吸取經驗，從而不斷改進完善。全程交流，即學生與教師交流學習、生活中的想法，教師與企業交流企業需求性人才，企業與學生交流瞭解彼此的想法，交流中不分對錯，只有不同見解之間擦出的更有意義的火花。另一部分課程內容通過成績判定智能化、學生管理可視化、考察過程便捷化、知識學習多樣化、教師素質綜合化、學生培養系統化來實現。獨立學院的「定制式三全六化」國際化人才培養模式如下圖所示。

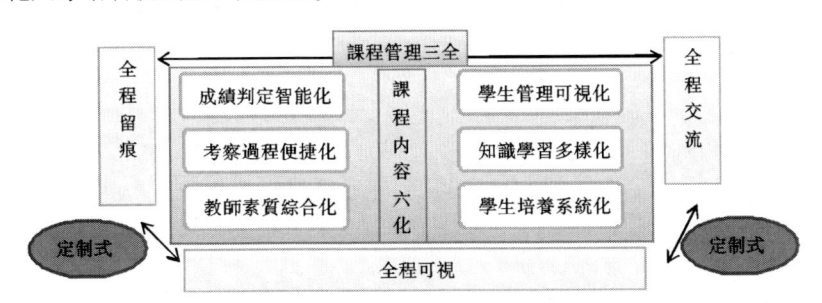

獨立學院「定制式三全六化」培養模式架構

三、結束語

　　構建基於大數據環境下的獨立學院國際化人才培養模式是一個系統工程，除了架構外，還有諸多如雲教育平臺、雲教育平臺安全、「定制式三全六化」模式等方面建設的完善。教育國際化，沒有「萬能」的模式，真正的模式是做到一切為了學生，避免流於形式；並且探索模式是沒有捷徑的，生搬硬套是行不通的。因此，對大數據環境下獨立學院國際化人才「定制式三全六化」培養模式的深入理解與把握，是推動未來線上線下全雲共享國際化教育的關鍵。

參考文獻

［1］任友群.「雙一流」戰略下高等教育國際化的未來發展［J］.中國高等教育，2016（3）.
［2］曹文.基礎教育國際化的多元視角［J］.英語學習：教師版，2016（2）.
［3］王鐵軍.南開網院：吸取辦學新思維，參與國際化教育［J］.中國遠程教育雜誌，2014（22）.

關於會計專業國際化
高素質師資隊伍建設的探討
——以 ACCA 為例

陳　影

21 世紀初，中國加大了改革開放的步伐和力度，2001 年加入 WTO 標誌著中國的經濟發展上了一個新臺階。在朝著充分融入全球經濟一體化的方向努力和發展的過程中，中國會計準則亟須與國際會計準則接軌並不斷融合。中國經濟發展客觀上需要大批具有國際化視野和通曉國際慣例的新型國際化會計人才。作為輸送專業會計人才重要渠道的高校本科會計教育必須緊跟時代的步伐，高校本科教育國際化發展已是大勢所趨。教師是高校發展的關鍵主體，教師素質的提高在很大程度上決定著高素質會計人才的培養，雄厚師資隊伍的國際化是人才國際化的關鍵因素。因此建立合格的國際化高素質師資隊伍才能使這一切教育改革和創新成為現實，培養出大批適應市場需求的複合型國際會計人才。

會計作為一門操作性較強的應用性學科，隨著經濟的發達而不斷發展。中國會計人才要進入國際市場，必須取得一張得到國際資本市場認可的「通行證」，參加並通過境外執業資格考試，是取得相關國家市場認可的便捷渠道；會計人才要通過取得境外會計師資格，才成為能夠在國際證券交易市場中為全球範圍內企業簽發審計報告的國際化人才，因此，國際執業教育被引入了高校課堂。本文以 ACCA 教育為例，探索如何更好地完善中國會計專業國際化高素質師資隊伍建設。

英國特許公認會計師公會（The Association of Chartered Certified Accountants，簡稱 ACCA）是英國具有特許頭銜的 4 家註冊會計師協會之一。英國立法許可 ACCA 會員從事審計、投資顧問和破產執行的工作，同時 ACCA 會員資格得到歐盟立法以及諸多國家公司法的承認。ACCA 也是國際會計準則委員會（IASC）的創始成員和國際會計師聯合會（IFAC）的主要成員。ACCA 重視發展海外市場，在全世界 160 多個國家和地區擁有數十萬名會員和學員。ACCA 於 1988 年進入中國市場，同中國多所高校廣泛開展各種合作關係，包括中央財經大學、上海財經大學、

廈門大學、南京審計學院等國內著名的會計專業高校，同時也與有實力的職業院校合作辦學，成為目前中國會計教育市場最為熱門的國際會計執業資格。

　　ACCA 在中國開創的人才培養模式是國內學歷教育與國際學歷教育結合、本科教育與國際職業教育接軌的模式。目前，ACCA 在中國地區的人才培養模式主要有業餘制培養和成建制班培養。業餘制培養模式是指專業培訓機構對有志於考取 ACCA 資格證並符合條件的社會人員的培訓，由於社會人員多數是在職群體，因此業餘制培養模式主要是利用專業培訓機構的師資和業餘時間來培訓社會人員。成建制班培養模式是 ACCA 在中國發展人才培養的主要模式，目前 ACCA 已經同國內近 100 所高校開展合作。如今與 ACCA 合作開設成建制班，已成為高校財經類教學改革的一大特色，高校通過與 ACCA 簽署合作協議，共同培養國際化的優秀畢業生。而在高校合作進行成建制班的人才培養中，部分高校採取利用專業培訓機構和 ACCA 合作的三方合作模式，也有直接和 ACCA 合作的兩方合作模式。三方合作模式是借助於專業機構的師資和力量合作辦學，而兩方合作模式則直接採用高校自己的師資在 ACCA 的指導下獨立進行。

　　再好的國際化教育理念、人才培養目標、教學實踐和方法等都需要人來完成，所有的理想得不到現實人才有力地貫徹和實施就是空談，因此建立合格的國際化師資隊伍才能使這一切教育改革和創新成為現實。那麼我們應如何建立高校國際化師資隊伍並不斷完善呢？我們從以下四個方面具體探討：

　　第一，嚴把師資引進門檻，保證教師的綜合素質與專業能力並重。在高校合作進行成建制班的人才培養中，部分高校採取利用專業培訓機構和 ACCA 合作的三方合作模式，此時，師資幾乎完全由第三方的專業培訓機構提供。由於 ACCA 的英語要求門檻較高，國內會計專業教師的英語基礎較薄弱，外教和國內專業教師的英語與專業水平參差不齊，加上國內外教育背景的差異，難以保證外教的教學能力、教學水平和教學效果。基於此，我們在選擇第三方機構的老師時，應嚴格把關，綜合考慮執教老師的專業和綜合素質，打造高素質的教師團隊。

　　第二，優化教師結構，充分發揮多層次、多元化的教師特色。在人才引進方面，我們除了要注重教師的專業知識外，還要對會計教師隊伍進行職稱、年齡、教育背景的差異化、梯隊化建設，發揮每個老師各自的特長優勢，使教師隊伍師資水平整體向國際化目標邁進。老教授、老教師要充分發揮會計理論基礎知識紮實和實踐經驗、教學經歷豐富的優勢，成為整體師資隊伍穩重的根基；中青年教師特別是海外留學回來的年輕教師要利用外語優勢，成為高校會計教育國際化的中堅力量，全面開拓創新，努力走好中國會計教育國際化的道路。

　　第三，培養教師的國際化視野，鼓勵教師做外教助教來學習課堂教學的方式和方法。高校會計教師隊伍的國際化核心是要具有國際化視野，這與教師是否畢

業於國外院校、是否接受過國外會計專業的高等教育似乎並無直接的聯繫。給ACCA外教做助教是一種課堂跟進學習的方式，通過跟教，我們的教師可以詳細地瞭解和掌握國際會計的基本知識、實務操作和國際會計準則，感受國外的教學理念，學習有效的教學方式和教學方法。為了鼓勵更多的老師成為雙語型后備人才，我們應大力鼓勵教師去給外教做助教，如用給予課時獎勵，全額報銷ACCA的學習、報考費用，提供國內交流、出國培訓的機會等方式激發教師的積極性。

第四，通過ACCA全英文賽課等活動方式，檢驗並深化國際化教學方法的運用。為了更好地發揮教師的能動作用，我們可以通過競爭的方式提高團隊的綜合實力。如我們可以定期主辦全英文的ACCA教學講課比賽；籌辦關於國際化教育方面的徵文比賽；爭取更多的對外交流學習的機會，如與有經驗的院校進行交流學習等。這有利於充分發揮教師自身的批判性、創新性思維能力，促進國際化教學方法的運用，提高我們自己教師雙語教學的能力，為中國的會計國際化教育儲備更多的人才。

綜上，中國各高校應加強會計教師隊伍建設，積極培養通曉國內外會計準則和知識的高校老師，即海外會計專業畢業的老師要不斷學習國內會計財務知識和準則，同時國內會計專業畢業的老師要學習國外會計財務知識和準則。中國高校只有先擁有了通曉國內外會計準則和知識的高素質的國際型高校會計老師，才能培養出通曉國內外會計準則和知識的學生，中國高校的會計國際化教育才能得到真正有效的推動和發展。

參考文獻

［1］唐智彬，石偉平. 國際視野下中國職教師資隊伍建設的問題與思路［J］. 教育教學研究，2012（3）.
［2］馮素梅. 基於協同創新的應用型本科教師隊伍建設研究［J］. 長江大學學報，2012（9）.
［3］李群. 基於校企合作的「雙師型」教師培養策略研究［D］. 山東師範大學，2013.
［4］汪文婷. 校企合作背景下的應用技術大學師資隊伍建設［J］. 黑龍江教育：理論與實踐，2015（1）.

高校會計國際化進程中教學管理體系優化研究

陳 影

經濟全球化步伐的加快及互聯網信息技術的發展推動了高校教育的國際化進程。《國家中長期教育改革和發展規劃綱要（2010—2020 年）》提出要擴大教育開放，明確表示要「開展多層次、寬領域的教育交流與合作，提高中國教育國際化水平」「鼓勵各級各類學校開展多種形式的國際交流與合作，辦好若幹所示範性中外合作學校和一批中外合作辦學項目，探索多種方式利用國外優質教育資源」。在當前的經濟環境及政策背景下，高校會計教育國際化勢在必行，為順應時代的要求，國際執業資格教育被大力引進高校。近年來高等職業教育中外合作辦學作為高等院校中後起發展的一股新勢力，對於推動高職教育國際化水平、引進國外優質教育資源、創新高職辦學模式、提升人才培養水平具有重要意義。只有構建合理、有效、全面的教學管理保障體系，才能實現高校中外合作辦學的健康可持續發展。本文將著重從實踐教學評價體系和考核體系兩個方面分析高校會計國際化給教學管理體系帶來的新挑戰。

實踐教學質量評價體系是實踐教學管理體系的重要前提，實踐教學考核體系是實踐教學管理體系實現的重要手段，整個管理體系的成功在很大程度上取決於考核體系的實現。

實踐教學質量評價體系主要包括實踐教學管理制度、實踐教學管理文件、實踐教學質量標準。實踐教學管理制度包括教學管理制度、實習管理制度、實驗教學管理規定、課程設計管理規定等。實踐教學管理文件包括實踐教學大綱、實踐教學計劃、實踐教學課表、實踐教學指導書等。實踐教學質量標準包括普通本科教學質量標準、課程設計質量標準、畢業設計質量標準、實驗教學質量標準等。實踐教學質量評價體系是實現實踐教學規範化管理的重要前提。

在實踐教學質量評價體系方面，就 ACCA 國際化項目而言，首先綜合考慮經濟形勢和政策，明確國際化會計人才的培養標準。國際化會計人才培養標準是制定

培養模式的依據，是衡量會計人才質量的非強制性準則，是對培養目標的具體量化標準，規定了會計人才應掌握的知識、能力和素養。國際化人才的定位，是指在全球化的發展趨勢下，要培養不僅具有國際化意識和視野，而且具有國際一流的知識結構和國際化水準的高端人才，在全球競爭中善於運用國際化的視野、綜合能力去積極爭取並把握機遇。定位於國際化的人才應具備以下基本素質和技能：具有高瞻遠矚的國際化意識和視野，積極參與全球化競爭並善於把握機遇，具有強烈的創新意識和獨立國際活動能力，能獨立地運用和處理國際信息，熟悉相關國際慣例，掌握本專業的國際化知識，具有國際一流的水準，熟練掌握一門外語，並能進行較強的跨文化溝通與交流，具有較高的政治思想素質和健康的心理素質，能經受多元文化的衝擊。

當前中國經濟政策包括區域重點及協調發展的政策，所以我們在制定人才培養標準時，不要一味地強調一步到位和人才培養全球範圍國際化，而應根據區域經濟的發展特色和發展階段，有重點地逐步推進高校會計國際化。根據各個高校的分佈，堅持高校國際化會計人才的培養以滿足區域經濟國際化發展的需求。

首先，參考中國常規的實踐教學課程評價體系，對比國外 ACCA 課程評價體系，我們可以對培養方案中的綜合實驗及集中性實踐環節分別制定內容的選定、預習與準備、組織與指導、實踐報告的撰寫與批改、成績考核等環節的質量標準。對生產實習和畢業實習分別制定實習項目或實習內容的選定、組織與指導、實習總結的撰寫與審閱、成績考核等環節的質量標準。即我們在借鑑國外項目時，要充分結合中國學生的實際學習狀況及接受能力，多元化、多層次地設計評價體系。

其次，優化培養方案，構建先進的課程體系。國際化會計師培養必須開拓創新，貫徹人才培養的零基設計思想。會計師不應僅局限於會計核算，還需具備戰略制定、經營管理等能力。因此，為滿足職業發展需要，要充分吸收國際教育的先進思想，構建與培養目標相符的培養方案，優化學時學分；不斷更新教學內容，按照社會需求設置多元化課程，在強化會計專業知識綜合性內容教育的同時，拓展知識面，加大管理、經濟、金融、審計、稅務、信息技術知識、外語、溝通、價值觀等知識的培養。

ACCA 課程體系包括基礎階段和專業階段。基礎階段主要分為知識課程和技能課程兩個部分。知識課程主要涉及財務會計和管理會計方面的核心知識，也為接下來進行技能階段的詳細學習搭建了一個平臺。知識課程的三個科目同時也是 FIA 方式註冊學員所學習的 FAB、FMA、FFA 三個科目。技能課程共有六門課程，廣泛地涵蓋了一名會計師所涉及的知識領域及必須掌握的技能。具體課程如下表所示。

基礎階段所學課程表

課程類別	課程序號	課程名稱（中）	課程名稱（英）
知識課程	F1	會計師與企業	Accountant in Business（AB/FAB）
	F2	管理會計	Management Accounting（MA/FMA）
	F3	財務會計	Financial Accounting（FA/FFA）
技能課程	F4	公司法與商法	Corporate and Business Law（CL）
	F5	業績管理	Performance Management（PM）
	F6	稅務	Taxation（TX）
	F7	財務報告	Financial Reporting（FR）
	F8	審計與認證業務	Audit and Assurance（AA）
	F9	財務管理	Financial Management（FM）

　　第二部分為專業階段，主要分為核心課程和選修（四選二）課程。該階段的課程相當於碩士階段的課程難度，是對第一部分課程的引申和發展。該階段課程引入了作為未來的高級會計師所必需的更高級的職業技能和知識技能。選修課程為從事高級管理諮詢或顧問職業的學員，設計瞭解決更高級和更複雜的問題的技能。所有學生必須完成三門核心課程及兩門選修課程。具體課程如下表所示。

專業階段所學課程表

課程類別	課程序號	課程名稱（中）	課程名稱（英）
核心課程	P1	商業風險	Governance, Risk and Ethics（GRE）
	P2	公司報告	Corporate Reporting（CR）
	P3	商業分析	Business Analysis（BA）
選修課程（4選2）	P4	高級財務管理	Advanced Financial Management（AFM）
	P5	高級業績管理	Advanced Performance Management（APM）
	P6	高級稅務	Advanced Taxation（ATX）
	P7	高級審計與認證業務	Advanced Audit and Assurance（AAA）

ACCA 課程體系各專業分階段如下表所示。

ACCA 課程體系各專業分階段學習表

專業	階段一	階段二	階段三
法律	—	F4 商法 F6 稅法	P6 高級稅法
商業	F1 商業會計	—	P1 商業風險 P3 商業分析
財務會計	F3 財務會計	F7 財務報告 F8 審計認證	P2 公司報告 P7 高級審計
管理會計	F2 管理會計	F5 業績管理 F9 財務管理	P4 高級財務管理 P5 高級業績管理

在課程體系的構建上，我們現在的做法是全部照搬國外的課程體系及使用國外原版教材，課時量全部由第三方機構安排。從學生參加全球考試的成績來看，通過率並不是很高。通過回訪瞭解學生的學習情況，總結其認為較難的科目，結合 ACCA 課程開設的時間，建議提前安排配套的國內課程的學習，相關中文課程的超前學習有助於為全英文的 ACCA 課程學習打下堅實的理論基礎。同時，我們應探索性地適當調整理論和實踐課時，嵌入綜合性與創新性的實踐教學內容，培養會計師的實踐能力、綜合專業能力、通用能力、職業判斷能力。通過學科知識的整合，打破傳統學科知識結構，在突出會計學科本身的科學完整的基礎上，將相近的學科知識內容重新進行整合，設計綜合會計課程體系，讓學生從社會、經濟大背景中培養會計師能力。

大一時，引導學生正確認識國際會計師能力的要求，為學生開設會計專業基礎課程時，要結合管理學、經濟學、金融學、社會學等學科。大二和大三上學期時，開設的會計專業課程要與各種數理統計、軟件應用等現代信息技術結合，側重培養學生實踐、科研等方面的分析和解決問題的綜合應用能力，以及自學、創新能力。對課程裁並、整合和更新，設計、組織、開設恰當的課程，構建完整、系統的培養方案。大三下學期及大四上學期，鼓勵學生參與實習並提供適當的實習機會，讓學生參與實踐並為畢業就業打下基礎。

在實踐教學考核體系方面，考試或考核方法的合理性和先進性往往直接影響了教師的教學觀和教學狀態，決定了學生的學習主動性。傳統的實踐教學主要根據學生平時的出勤、學生最終的報告或作業對學生的成績進行評定。這樣的結果往往導致學生在實踐過程中學習態度不端正、學習效率低、基本方法和基本技能得不到鍛煉，在形成成果性材料中東拼西湊、弄虛作假等，而這種狀態容易引起教師對實踐教學過程的不重視，因此實踐教學考核體系的合理與否直接決定了實踐教學的效果和質量。

所以，要豐富教學模式，靈活考核方法。教學模式要多元化，以提供機會讓學生去體驗職業環境中遇到的各種情況，培養和鍛煉學生的綜合能力。教學手段要實現傳統教學手段與現代多媒體、網路教學、信息軟件的結合。比如運用目標導向教學模式。採用啓發式、雙向性方式，摒棄以教材為基礎、側重教師講授的教學方式。由灌輸式向啓發式轉化，由注重問題結論向解決過程轉變，由注重記憶轉變為綜合應用。如財務報表分析課程中，我們關心的不是數據本身，而是隱藏在數據背後的原因。所以，我們在教學時，不要急於直接告訴學生原因，而應引導學生怎樣去查詢資料，讓他們告訴我們理由，因為以後出去工作碰到的企業肯定不全是我們在教材上或者課堂上分析過的。俗話說得好，「授人以魚，不如授人以漁」。又如問題導向教學模式，讓學生通過團隊合作的形式協同作業，構建以實踐中的問題為基礎的學習途徑，充分利用現在的互聯網教學資源，通過新興的「慕課」等翻轉課堂形式，在課前啓發學生思考，給其足夠的時間及空間發散思維，充分培養會計人員提出問題、解決問題的能力。

再如自學教學模式是指在教學過程中應以學生自學為主，教師講授框架和重難點，起到引導和輔導的作用，培養學生的自學能力，實現終身教育的目的。此外還有案例教學模式、課題項目導向的教學模式等。案例教學模式即在教學過程中導入案例，通過對案例的分析、討論，制訂並評選方案，撰寫報告，進行交流和評價，通過網路互動和反饋，強化演練，引導學生積極思考和動手操作，培養學生的實踐能力。課題項目導向的教學模式是指教師帶領學生加入研究項目和課題，通過開放性探究，論文的撰寫，鼓勵學生進行評判思維，提高學生的科研、應用和創新能力。

綜上，在考核方法上，我們既要參照國際化會計考核要求，以考核制度引導教學內容與方法，又要改革傳統單一考核，強化形成性評價。考核方式和內容應靈活多樣，注重對綜合能力的考核，可通過論文的撰寫、案例分析、團隊作業、參加競賽、企業實習等模塊，通過學校與ACCA主辦單位雙重打分考核會計人才的實踐、科研等綜合能力。

參考文獻

[1] 劉安天.讓中國管理會計人才輩出［N］.中國會計報，2014-03-07.

[2] 卜麗雅.高校會計教學引入國際執業資格教育的實踐與思考［D］.北京：首都經濟貿易大學，2014.

[3] 何玉潤，李曉慧.中國高校會計人才培養模式研究——基於美國十所高校會計學教育的實地調研［J］.會計研究，2013（4）.

[4] 何傳添，劉中華，常亮.高素質國際化會計專業人才培養體系的構建：理念與實踐——中國會計學會會計教育專業委員會年會暨第五屆會計學院院長（系主任）論壇綜述［J］.會計研究，2014（1）.

國際化會計人才培養現狀及模式研究

王　燕

　　目前中國會計從業人員約有 1,200 萬人，需要國際化會計人才約 35 萬人，而符合條件的大約只有 6 萬人。由此可見高層次國際化會計人才需求缺口很大。尤其是在全球經濟一體化、知識經濟化、中西方文化交叉和碰撞的大環境下，會計實務國際化和會計準則國際化對會計實務界和會計教育提出了更高要求。大量的跨國業務需要具有國際意識、熟知國際業務、掌握國際通用商業語言的高級會計人員的介入，要求他們具有國際化視野和理性思維，熟知國際會計準則。這同時也給國內各高校的國際化會計人才培養模式提出了新的更高的要求。

一、當代世界各國會計人才培養現狀
——以美國和英國為例

　　美國在國際化會計人才培養上，倡導從技術導向轉型為管理導向，明確會計在經濟決策中的信息系統角色，重視培養學生的自學能力，加強對學生交流和溝通能力、通用才能等的訓練，提高其綜合能力以應對國際市場上日新月異的變化。在經濟全球化下，美國大學明確要求學生必備計算機、會計軟件和網路應用能力和溝通能力，提倡知識、技能和職業價值觀培養，會計人才應具備持續學習能力。在教學上，趨向國際化的更高要求，專業課程設計更重視學生的分析問題的能力。專業基礎課包括管理與組織分析、管理信息系統分析、財務分析、經濟分析、企業戰略分析等課程；法律課程體系完整，經濟法、聯邦稅法、公司法、票據法、合同法等課程作為會計專業的核心課程，增加了會計人才的法律知識。注重國際上職業界對會計教育改革的反應，強調知識和能力培養。採用「以教師講授為輔，以學生參與為主」的模式，教材選用上除了教科書以外，國際著名報刊《華爾街日報》《財富》雜誌、《商業周刊》等以及著名專家和教授的學術論文等也是教學材料的重要組成部分。

英國是現代會計理論和實務較為發達的國家，國際化會計教育的理念與課程設置以「注重學生素質和能力的培養」為核心。會計課程設置比較科學，國際需求與學生就業結合非常緊密。緊扣國際經濟發展脈搏，每學年都會進行會計課程的總結、修改和替換。整個國際化會計教學過程強調學生的自學能力，注重開發學生的創造性思維，並為學生提供各種展示自身能力的機會。每門會計課程每學期通常都有 1~2 個綜合作業，以報告、論文、計劃等形式體現，充分培養學生的獨立工作能力和團隊合作精神。會計考試評估方式注重考查學生綜合能力和素質，考察方式靈活，要求學生思路清晰，有較強的邏輯性，要想通過考試就必須在平時閱讀較多的參考書，累積一定的專業知識並能將其靈活運用。教材都是指定學生閱讀教材中的一部分，在課堂上教師不是照本宣科地講解教材，而是有針對性地結合當前國際社會中的典型案例重點講解。

二、中國會計國際化人才培養的現狀

目前在中國高校的會計人才國際化導向中，國際認證使學生有了學歷與執業資格的雙重保證。但是大多高校只注重會計知識的灌輸，並沒有分析中外經濟文化存在的差異。國際化會計人才需要通過數據與資料來對經濟事件產生的客觀原因進行職業判斷，需要與法律、文化、社交進行緊密結合。在教學過程中我們往往忽視了對其思想的吸收，沒有融入本土的社會、人文與經濟發展現狀中。部分院校以與國際化、職業化接軌為目的，對人才進行針對性的定位培養，在此基礎上對原有的專業課程進行重設，僅僅改變了教學培養的方案、課程結構與實踐教學方式等方面，忽視了國際化、職業化教學的本質，沒有注重學生理論知識的培養與學習方式的傳授，與傳統的「應試教育」其實並無區別，使得學生不具有創新思維與自我學習的能力。

此外，中國高校還存在國際化師資力量薄弱的問題。按照國家規定，在中外合作項目中，外籍教師所占比例不應低於 25%，但目前高校在教師啟用上仍然選用了國內教師。教師的教育模式與社會需求不能很好地銜接，導致既熟悉國際市場規則又懂國內法律法規的高素質複合型會計人才供不應求。

三、國際化卓越會計人才培養目標及定位

據調查，2010 年年初公布的《職業會計師國際教育準則框架》為各國制定職

業會計師資格要求和教學模式提供了一套國際標準，對會計人員提出了專業能力和勝任能力的綜合要求。企業對會計崗位要求比例最高的前5項分別是擁有從業資格證書（占100%）、熟練操作財務軟件（占98%）、熟練運用外語（占96%）、熟悉財經法規（占93%）、掌握國際會計準則（占91%）。普華永道於2000年將問題解決能力與創造性、企業與行業經驗、財務會計與控制、團隊精神、項目管理、財務系統、語言與溝通確定為7項重要會計技能。IAESB於2003年頒布了國際教育準則1.6號，明確提出知識、技術、個人、人際和組織五項技能。

　　知識上，國際化會計人才除了需要具備基本的會計核算能力外，還要掌握信息技術、法律、公司營運管理以及歷史、科學等方面的知識。全面的專業知識具體培養目標包括專業能力和通用能力培養，囊括了會計、管理、統計、金融、心理、法律、IT和外語知識等專業知識，涵蓋了智力、技術、溝通等基本技能。要求學生具備會計相關業務操作、地方經濟服務等實踐操作能力，以及利用假期、兼職、工作等機會獲得豐富的會計從業經驗，同時具備對前沿理論知識、實踐手段等掌握的持續學習能力。培養學生的職業能力和實踐技能是提高會計人才個人素質方面國際化導向的一個重要目標，要求學生具有較強的社會適應能力，做到以職業需求為導向，維護公眾利益、履行社會責任、終身學習、遵守法律法規、嚴於自律，具備較高的道德水準、較強的責任心、法律意識和職業素質。技術技能方面，要求學生在全面掌握國際會計準則的基礎上，熟練應用會計各方面職能處理實務問題。並在此基礎上，提升學生的國際會計的核算能力、宏觀經濟形勢的理解能力、制度設計能力、價值創造能力、會計工作組織能力等，增強學生的創新精神和開拓進取精神，使其知識、素養、能力全面提升。在走向國際化發展道路的過程中，世界各國的經濟交流越來越密切，跨國業務的快速增加催生了一些新的會計問題。因此，國際化會計人才應該具備良好的人際和組織技能，具有分析能力和變通能力，加強自身的計算機應用能力、分析理解能力、語言表達能力和邏輯推理能力，這樣才能與外界很好地溝通、交流，培養解決和分析問題、批判創造、對抗壓力等綜合能力。

四、國際化卓越會計人才培養模式設計

1. 明確國際化會計人才的培養目標，向國際化教育理念邁進

　　正確定位人才培養目標，以國際化會計人才培養為目標和導向，關注國際會計規則的變化發展，有效進行交流與合作，促進專業人才培養質量的提高。會計準則的國際趨同給會計國際化教育奠定了良好的基礎，會計國際化也就是要求會

計人才國際化，會計人才培養國際化要求在培養目標、課程體系、創新實踐、教學科研等環節都要國際化，培養適應中國經濟高速國際化發展現狀、懂得國際經濟運行規則、熟悉國際特別是歐美資本市場的中高端應用型、複合型會計專業人才。在人才培養模式中貫徹國際化教育理念、交叉學科教育理念、以人為本的教育理念、終身學習的教育理念。

2. 加強實踐基地建設和國際交流合作

拓展學生到海外學習實踐的機會，或者施行與國外高校交換學生的項目等，讓學生在國外的高校及企業環境中充分感受會計文化、先進的理念及會計處理的流程等，形成很好的經驗交流，從而達到真正國際化的目的。實踐基地具有主體多元化（企業、事務所、學校、研究所、實踐基地、教師和學生）、平臺多元化（課堂、校內實訓、校外實習基地、企業實踐場所、學科競賽）、形式多元化（認識實習和理論授課結合、會計實訓和會計核算結合、文獻檢索和學年論文結合、社會實踐和調研報告結合、生產實習和報告結合、專業實習和畢業論文結合）、層次多元化的特點。引進國外實踐研究項目，選拔優秀學生參加國際性商務競賽和國際產學研合作項目；積極引進國外先進的會計教育理念和教學方法，鼓勵學生參與中外辦學項目，熟悉中西方會計準則，滿足會計專業國際化發展需要。重視國際化產學研結合，引進實踐教學項目，以培養既具國際化視野又充分聯繫本土企業實際的會計人才為目標。

3. 完善會計專業的課程設置和教學管理體系

為解決培養目標與實際教學相互脫節的問題，在完善會計專業的課程體系的過程中，增設國際會計準則方面的課程，對現有的課程體系進行整合，將國際會計有關知識與先進的思想觀念融入中國會計教學之中。重視培養學生的綜合素質和實踐能力。國際會計人才培養模式的課程體系創新應以實用性、綜合性為目的，形成一套以培養專業職業能力、終身學習能力為特色的課程體系，使學生掌握會計的基本分析方法，熟悉國內外相關的政策、法規及相關國際慣例，具有運用法學、會計學知識去認識問題和處理問題的能力，具備會計、審計、稅務、鑒證等職業技能，掌握文獻檢索、信息收集、資料查詢以及法律、會計信息的處理方法，並能熟練運用英語。為達到學生在處理會計事務時具備國際化視野及國際環境意識的效果，在課程內容、教學案例、教學輔助資料、實踐等環節融入更多的國際性因素，根據社會需求進行合理的論證和研究，設置相應的人才培養模式的課程體系。同時，我們所面對的市場形勢變化多端，因此在培養鍛煉時應注重思維、能力的訓練和職業道德的培養，及時跟蹤會計實務的變化。

4. 教材和教學語言

教材作為知識的重要載體，在傳授知識方面起到主要的引導作用。加強會計

專業的教材建設是提高教學質量的主要途徑。教材應具有最新的會計知識動態，做到與時俱進、不斷創新。在會計教材中增加國際化的會計知識內容，推進教材內容的國際化改革，使學生能夠充分瞭解和掌握國際化的會計準則和知識動態；適量引進國外的原版學科教材，結合中國的教學大綱要求對其進行改編和整合，以適應國際化的教學需求。在教學語言上，建議採用雙語教學，英語是傳授或獲取其他知識的工具，也是培養學生跨文化素養與國際接軌的一個途徑。在課程中加入適當的英文，用教學語言來促進語言能力的發展，更有利於培養學生的英語思維模式，掌握國際上先進的探索問題的方法。語言是信息、文化的載體，是思維的工具。英語結合會計語言，使學生更好地理解國際會計準則和相關規範的應用，是培養創新型人才的重要途徑。它營造了全新的教學環境，激發了學生主動思考和參與的熱情。雙語教學是對教學方法、教材和教師創新的新要求。

5. 改革考核方式，加強教師隊伍

隨著教學方法國際化，相應的考核方式也要進行改革。首先，應改變單一評價模式，注重學習過程評價，強調實踐能力考查，採用課題調研、案例分析、撰寫論文等方式評價學生。課堂上要求老師進行點撥啟發式教學，課後通過小組演講、案例討論、論文等形式，使學生有足夠的動力去主動學習和思考，擴展思維，進行獨立思考，發揮團隊合作及創新精神。其次，在考試內容上注重考查學生對知識的實際應用和理解能力。通過這樣的考核制度培養出敢於表達自己的觀點、具備創造性思維的國際化人才。再次，建立擁有先進教育觀念、國際化素養以及豐富教學實踐經驗的高素質教學隊伍是培養會計人才的重點。教師在傳授會計知識的過程中其素養與能力會對教學質量、學生個人素質產生重要的影響。要求教師注重自身能力與學識的更新，並且關注有關會計學科的發展與走向，根據國際經濟市場的需要來制訂一定階段的教學計劃。另外，教師要主動吸納國外會計學科中的精華，提高自身外語溝通交流的能力與會計的實際應用水平，積極參與國際學術交流會議及相關活動。最後，學校也要鼓勵教師與企業聯合開發實踐性、橫向性的課題，利用業務流程設計、管理流程設計等多個課題的開發，來培養教師應用實踐的能力，拓寬教師的知識面，檢驗教師的職業水平。

參考文獻

[1] 邵軍, 楊克泉. 應用型會計人才專業建設探索——基於國際資格標準的視角 [J]. 財會通訊·綜合, 2012 (1).

[2] 陳曉芳, 翟長洪, 崔偉. 中外高校會計本科人才培養模式比較研究 [J]. 財會通訊, 2008 (5).

[3] 王軍. 打造中國的國際型會計人才 [J]. 首席財務官, 2007 (11).

[4] 張林, 陳欣, 徐鹿. 國際化會計人才培養模式探析 [J]. 商業經濟, 2011 (6).

［5］王琴. 會計國際化視角下的人才培養模式選擇［J］. 財會通訊，2008（3）.

［6］葉怡雄. 強化會計實踐教學培養國際化人才［J］. 會計之友，2011（2）.

［7］李禹橋. 黃穎莉優化國際化會計人才培養及考核體系［J］. 經濟師，2014（5）.

［8］姚美娟，柳翔. 高校國際化會計人才培養模式改革與創新［J］. 河南教育學院學報：自然科學版，2013（3）.

［9］沈微. 國際化BPO會計人才培養模式探討［J］. 南京審計學院學報，2010（1）.

［10］王家新. 南京審計學院本科生人才培養方案修訂論證報告（2009）［M］. 北京：中國時代經濟出版社，2010.

［11］餘曉燕. 國際會計人才培養模式創新研究——基於中國會計準則國際趨同背景的分析［J］. 中國農業會計，2011（10）.

國際化會計人才培養模式的優化

楊瑞麗

隨著中國經濟的高速發展，大量的外國企業紛紛湧入國內市場，同時，越來越多的國內公司也逐漸走出國門。中國加入世界貿易組織（WTO）以來，與外商的合作日益增加，國際貿易、國際投資以及金融行業也得到了迅速的發展。在世界經濟走向全球一體化之際，中國的會計市場也同樣面臨新的挑戰。目前，中國會計人才的培養已經出現疲軟狀態，普通層次的財務人員供大於求，會計市場已經趨於飽和狀態。然而，隨著大量的國內企業選擇在海外上市，那麼這些企業需要按照國際會計準則（IAS）和國際財務報告準則（IFRS）的要求編製財務報表的情況也越來越普遍。由此可見，傳統的財會人員已經不能滿足市場發展的需求，中國會計國際化進程逐漸加快，高層次會計人才非常緊缺。在這種情況下，具有國際視野、通曉國際與國內會計準則、掌握管理相關知識並且能熟練地運用英語的高素質、高水平的國際會計人才將成為會計市場的「新寵」。

一、國際化會計人才培養的目標

目前，「國際化」是高校會計教學改革最迫切的一環，高等院校作為會計人才培養的重要基地，應及時地根據市場需求的變化，改善現有的教育模式，以培養應用型人才為依託，以服務地方產業為根本，以提高綜合素質為宗旨，以培養拔尖創新人才為方向，培養面向需求、面向工業界、面向世界、面向未來的高素質複合型會計人才。目標指導行為，會計人才培養目標是會計人才培養模式的靈魂和導向，是對會計人才培養的總體要求。具體要求如下：

首先，國際化會計人才需要具備合理的知識結構。國際化會計人才不僅需要具備嫻熟的專業知識，還需要擁有國際專業視野，熟知國際會計準則，瞭解國外市場運作規則和相關法律法規，掌握最新行業知識，始終站在專業、行業的前沿。其次，國際化會計人才需要具備較強的分析和解決問題的能力。國際化會計人才

應努力做到思維清晰，具有較強的邏輯能力，並能夠從錯綜複雜的各種信息中找到聯繫並進行歸納分析，從而有效監督企業經濟運行並解決各類財務問題。再次，國際化會計人才需要具備良好的英語溝通能力，同時掌握專業、精準的財務英語，能夠從容面對國際化競爭。最後，國際化人才需要具備良好的道德素質，具有較高的思想覺悟、較強的法律意識和責任心，對工作嚴謹認真、一絲不苟，並且應該具有較強的服務意識。

二、國際化會計人才培養模式的優化

美國會計教育改革委員會認為，會計教育的目標不是讓學生在最初從事會計職業時便成為合格的會計工作者，而是要使學生擁有成為一名會計人員所應具備的學習能力和創新能力，能使其終身從事學習。大學教育應是學生終身學習的基礎，使他們在畢業後能夠以獨立自我的精神持續地學習新的知識。由於會計是一門社會科學，具有與時俱進的特點，因此它的要求也會隨著社會的發展而改變。

然而，中國本科會計人才培養忽視了市場需求，其目標定位大多停留在理論層面，未建立符合本土條件的能力體系。目前，中國高校會計教育過分強調專業化程度，忽視通用性，以致難以應對更為複雜的職業需求。在課程體系設置上主要圍繞會計制度和準則，缺乏對學生組織決策能力的培養，專業課內容多而雜、任務重，缺少新興會計學科的課程，涉外課程和雙語教學課程明顯不足。總之，國外更強調「社會需要什麼樣的會計人才」，而中國側重「應供給什麼樣的會計人才」。針對這樣的現狀，中國高校應根據市場的需要，完善其國際化會計人才培養的模式。具體體現在以下四個方面：

（一）更新教學內容，優化課程體系

教材改革建議從以下四個方面著手：首先，要加強教材內容的時代性。高校應根據國內學科建設發展的最新成果及時進行教材內容調整，加快教材的更新換代。其次，要加強教材內容的實用性。高校教師在編寫教材時應充分考慮社會上與會計人員相關的各種考試，比如會計從業資格考試、全國會計專業技術資格考試（職稱考試）、中國註冊會計師考試（CPA）以及 ACCA 等國外註冊會計師考試，力爭幫助學生順利通過考試，為畢業時找工作增加自身價值。再次，高校應不斷更新教學內容，按照社會需求設置多元化課程，在強化會計專業知識綜合性內容教育的同時，拓展知識面，加大管理、經濟、金融、審計、稅務、信息技術知識、外語、溝通、價值觀等知識。最後，要加強教材內容的國際性。教材內容

應積極向國際會計準則靠攏，部分課程還可直接選用英文原版教材並爭取用雙語授課，從而提高學生的英語水平。

(二) 改進教學方式，優化教學質量

傳統的會計教學方法主要是以教師課堂理論講授為主，教師是教學過程中的主導者，學生成為機械式學習的被動主體。這種灌輸式教學方式嚴重影響了學生學習的主動性和積極性，不利於培養他們自發地、主動地思考問題、解決問題的能力。因此，教學方式的改革應以國際化會計人才需要具備的素質要求為目標，創新出一種適應國際化需求的教學方式。這種新的教學方式應該注重加強課堂上的師生互動性，將學生擺在主體位置，教師起主導作用。其目的是培養學生的學習主動性和積極性，提高學生的分析能力和創新能力，為將來成為國際化會計人才打下堅實的基礎。

為了培養具有國際視野的複合型會計人才，高校應將「案例教學」和「以問題為導向」的教學方法引入會計教學的課堂。這裡的「案例教學」是指利用國際、國內知名大公司真實的或者仿真的會計信息，讓學生充分參與扮演不同的角色，分析和解決會計問題，為企業決策提供信息支持。

同時，國際化會計人才的培養，不應只局限於專業知識的掌握，還應注重學生的團隊協作意識。因此，高校應採用「問題導向教學模式」，讓學生通過團隊合作的形式，構建以實踐中的問題為基礎的學習途徑，培養會計人員解決問題的能力。

比如，英國格拉斯哥大學在其會計專業碩士（MACC）的教學過程中，首先將學生分為若幹個水平相當的小組，然後讓每個小組思考一個商業想法（Business Idea），然後對其制訂出商業計劃書（Business Plan）。該商業計劃書主要由三部分組成：第一是營銷計劃（Marketing Plan），具體包括目標市場選擇、市場細分、消費者行為、定價策略以及競爭者分析；第二是營運計劃（Operations Plan），包括營業地點的選擇、工廠和設備等固定資產的購置、管理團隊以及公司結構的確定；第三是財務預測（Financial Projections），具體包括資金的來源和使用情況、比率分析、編製預計損益表、預計資產負債表以及預計現金流量表等。最後，該小組的商業計劃以報告的形式呈現出來，而其他小組此時扮演的是投資者的角色並通過對該小組編製的預計財務報表進行分析，最終決定是否對該小組的商業計劃進行投資。這種教學方式，讓學生們能夠很好地瞭解一個企業從最初成立時的籌資活動，到對目標市場的分析，再到營運過程的資金使用和回籠，最後再根據預計的經營成果編製出相應的財務報表。

相較於傳統的以教材為基礎，側重教師講授的灌輸式教學方式，這種團隊合

作和案例結合的教學方式,很大程度上提高了學生的參與感和自主決策權。在這個過程中,他們不僅擔任了企業內部的角色(銷售崗、管理崗、財務崗等),同時也擔任著企業外部的角色(投資者、債權人等)。這種讓學生由被動變主動的教學方式讓他們不僅能體驗到真正職業環境中會遇到的各種情況,還培養了學生的創造性思維和綜合分析解決問題的能力。

(三) 重視國際交流和合作

通過國際教育交流和合作,積極引進國外先進的會計教育理念和教學方法。鼓勵會計專業學生積極參加中外合作辦學項目,熟悉中西方會計準則的應用,滿足國際化發展需要。加強國際化產學研合作,通過引進國外實踐研究項目,聯合國外企業,達到培養既具國際化視野又充分聯繫本土企業實際的卓越人才的目標。國際會計專業可以依託特色學科的全方位支撐,積極採取「嵌入式」培養機制,即引進國際先進辦學理念,直接使用國際認可的 ACCA 資格考試系列原版專業教材授課,以便較好地解決外語教學與專業教學「兩張皮」現象,使學生可以獲得在不同語言環境下同時接受專業教育和獲取國際職業資格的良機。與此同時,可以嘗試推行雙導師雙學位制度。如可以考慮在大二學生中選拔優秀者,按專業精英模式培養,並為每位選拔出的學生配備教師和實務人士雙導師。

(四) 強化師資培訓

高素質國際化會計人才的培養在很大程度上依賴於教師素質的提高,會計專業國際化教學的成功更是需要雄厚的雙語師資人才支撐,建設一支職稱結構、學歷結構、年齡結構合理的雙語教師隊伍可謂關鍵。一方面,建立雙語教師培訓交流和深造的常規機制,通過與國際上其他專業院校保持長期穩定的師資合作培養計劃,定期安排會計專業教師出國留學或訪問,或組織與支持教師參加國際學術交流活動,促進專業教師理論前沿的豐富、外語水平尤其是口語交際能力的提升。另一方面,確立青年教師帶職實習機制,有針對性地選拔一部分青年教師到國內外企業和會計師事務所等實務部門帶職實習,促進專業教師職業經驗和技能的累積與豐富,更好地實現理論和實踐的融會貫通,為會計專業國際化的可持續發展提供充足的國際化師資保障。

三、結束語

在世界經濟走向全球一體化之際,中國高校應借鑑發達國家卓越會計人才培

養的先進模式，借助多年的教學經驗，聯繫本土實際，注重關聯，整體提升，不斷更新國際化會計人才培養目標和標準，更新教育理念，改進培養模式，修正培養方案，推進教學改革，為社會培養出更多的高層次、多元化、高水準的國際化會計人才。

參考文獻

［1］楊政，殷俊明，宋雅琴.會計人才能力需求與本科會計教育改革：利益相關者的調查分析［J］.會計研究，2012（1）.

［2］張倩，劉淑花，章金霞，等.國際化卓越會計人才培養定位及模式研究［J］.實驗室研究與探索，2014，33（11）.

［3］石懷旺.高校雙語教學改革與國際化會計人才培養模式［J］.合作經濟與科技，2011（428）.

［4］劉淑花.基於市場需求的國際化會計人才培養模式的構建［J］.經濟師，2012（9）.

［5］章金霞.會計學專業雙語教學的改革探討［J］.中國電力教育，2012（35）.

［6］何傳添，劉中華，常亮.高素質國際化會計專業人才培養體系的構建：理念與實踐［J］.會計研究，2014（1）.

淺談國際化會計人才培養模式

李 軍

據不完全統計，國內目前有 2,000 萬會計從業人員。作為世界「三大」專業性強的高薪職業之一，會計師一直受到國內社會的熱捧。但是隨著信息化、網路化的發展，以及各類新興產業和創新產業的崛起，中國對高層次、國際化會計人才的需求量非常大。

從國家角度講，經濟日益全球化，尤其是中國加入 WTO 已走過 15 個年頭，中國經濟在國際上起到了重要作用，中國企業要「走出去」，需要大量具有國際視野和國際化知識的會計人才；從企業角度講，企業為了提高競爭力，在中國經濟國際化的大形勢下，企業的經營方針、內部管理等必須與國際接軌，從而企業會計人才也必須國際化；從會計行業角度講，中國的會計行業水平不斷提高，但是與國際會計行業相比仍然有一定差距，中國的會計人員也應有一定的緊迫感和使命感，因此，要提高整個會計行業的水平，使他們能夠參與到國際人才的競爭中去。然而，國內高校會計學專業培養效果並不理想，很多用人單位反應會計學應屆畢業生實踐能力差，知識結構單一，不能支持企業的國際化戰略發展，因此，培養與國際財會接軌的國際化會計人才迫在眉睫。

一、國際化會計人才培養現狀

1. 社會需求缺口巨大

目前中國會計人員數量不少，但缺乏高層次、高素質與複合型人才。國內財會隊伍現有 1,000 萬餘人，有高級職稱的會計人才也有 6 萬餘人，但是高層次的尤其是素質全面、既熟悉國際市場規則又懂國內法律法規的人才嚴重不足。另有數據顯示，根據中國經濟發展的需要，至少需要 35 萬名註冊會計師，而目前實際具備從業資格的只有 10 萬人左右，其中被國際認可的不足 15%。而隨著中國經濟繼續跨越式發展，未來高層次財會人員和國際註冊會計師的需求缺口越來越明顯。

2. 高校培養亟待與時俱進

由於多種因素的影響，中國高校在會計教育中存在重理論輕實踐、重知識輕能力、重共性輕個性的現象。從教學內容上看，大部分高校主要從理論上訓練學生的基礎會計知識，對學生的基本素質以及專業能力的培養重視程度不夠，同時教學內容更新速度緩慢，與國際化會計教育知識的更新脫軌；從教學視野上看，大部分高校缺乏全球化會計教育視野，培養目標忽視企業未來開展國際市場、進行全球化競爭的潛在需求；從考核方式上看，大部分會計課程採用應試教育的方式，導致學生將在學校的重心放在應付考試上，不注重學生基本素質和應用能力的培養。

二、國際化會計人才能力培養要求

1. 具備全面的專業知識

掌握全面的專業知識是國際化會計人才應具備的基本能力，要做到熟悉會計、審計等基礎學科的專業知識，瞭解國內外的會計準則、會計法規、會計政策和國際會計慣例等，並且具備過硬的英文基礎和專業財務詞彙的儲備，從而能夠具有良好的溝通能力，同時也具有較強的文字表達能力。

2. 具備較強的實務能力

國際化會計人才是複合型人才，單一的理論基礎並不符合人才的培養目標。因此會計人才除具備會計基礎理論知識外，還應有較強的會計實務能力，如財會業務中的邏輯思維能力和分析判斷問題能力，能夠在面對現實中發生的財務問題時進行有效的分析歸納和總結。

3. 具有國際化視野

國際化視野是國際化會計人才的必備條件，擁有全局的觀念和國際化的視野，可以正確判斷出國內外會計行業的最新發展趨勢，並且可以適應周圍不斷變化的會計環境，並能從錯綜複雜的各種財務和非財務信息中找到聯繫進行歸納分析，從而為自身企業制定合理的財務發展戰略。

4. 具有良好的職業道德素質

作為高素質的會計人才，要思想覺悟高、法律意識強，具有強烈的責任心和職業道德，努力做到熱愛財會職業，忠於本職工作。只有這樣，才能成為會計行業具有較高的道德水準、嚴於自律的國際化高層次人才。

三、高校國際化會計人才培養模式的創新

1. 培養目標定位的創新

面對全球化的競爭格局，需要具有全球化視野的高層次會計人才。目前中國高校會計人才的培養過程中，培養目標仍然停留在滿足國內企業開展國內業務的需求，忽視了企業未來開展國際市場、進行全球化競爭的潛在需求，因此國內大部分會計專業應屆生不具備全球化視野。高校應將會計人才培養目標定位轉變為培養面向跨國公司、大型會計師事務所等國際化高層次會計人才。

2. 教學方法的創新

要將傳統的課堂教學模式，即封閉式、單向的知識傳輸模式逐步改造為開放式、雙向互動的理論與實踐相結合的教學模式。通過案例式教學、交叉式教學、啟發式教學等多種方式為學生提供豐富的教學參考資料和互動平臺，採用國際先進的會計課程、會計教材和教學方法，鼓勵雙語教學，及時向學生介紹國際領先的課程內容和前沿理論，尤其注重對學生的會計學專業的實踐能力培養。

首先，在務實教學時，應選擇企業的真實數據作為案例，讓學生能夠真正瞭解一個企業進行會計實務的處理流程及正確的操作規範，並以不同的會計準則檢驗學生選擇正確及合適的會計處理軟件的能力；其次，在實踐會計專業活動方面，最好能校企合作，通過瞭解到企業實際的會計處理方式再結合學習的知識進行比對，可以讓學生快速提升對會計的理解及業務處理能力；最後，考慮到國際會計人才培養的特殊性，高校應盡量爭取學生到外企或者海外學習實踐的機會，或者同國外高校合作，提出交換生的項目，讓學生在國外的企業環境感受國際化的會計文化理念，也可以更好地學習會計處理的流程，真正達到國際化會計人才的培養目標。

3. 師資隊伍建設創新

教師隊伍是國際化會計人才培養的工程師，高素質的師資隊伍既對高學歷、高層次教師的能力有一定要求，又對教師的教學效果和科研成果有相應的標準要求。所以應大力提倡教師到跨國企業、國際會計公司等地方兼職，以提升教師的專業實踐能力和教學水平，同時聘請國內外大型企業或會計師事務所的高級會計人員定期為學生進行會計知識培訓以及國際會計前沿政策的講解。

4. 建立健全考核評價標準

高校的會計專業考試命題由授課教師負責，考試內容一般傾向於對知識記憶性的考查，忽視對學生綜合運用能力的考查，考試分數不太具有說服力。國際化

會計人才的培養及考核應結合會計專業的技能性和國際化特徵進行綜合考評。高校的考試方式應借鑑國外先進考試方式，除豐富自身考試的多樣化外，應鼓勵學生積極參加國內外公認的各類會計課程考試，如 CPA、ACCA、AIA、CMA 等課程認證考試，增強學生的就業競爭力。

參考文獻

[1] 苗眉，張培峰. 高校國際化會計人才培養模式創新研究［J］. 巢湖學院學報，2011（5）.

[2] 程杰. 中國國際化會計人才培養模式［J］. 合作經濟與科技，2013（1）.

[3] 賀宏. 國際化會計人才培養的中外比較［J］. 教育與職業，2011（14）.

[4] 姚美娟，柳翔. 高校國際化會計人才培養模式改革與創新［J］. 河南教育學院學報，2013（3）.

[5] 張林，宮冰. 高校國際化會計人才培養模式研究［J］. 林區教學，2015（6）.

國家圖書館出版品預行編目(CIP)資料

國際化會計人才培養模式研究 / 章新蓉 主編. -- 第一版.
-- 臺北市：財經錢線文化出版：崧博發行, 2018.11
　面；　公分
ISBN 978-957-680-270-6(平裝)
1. 會計人員 2. 人才 3. 培養
495　　107018652

書　名：國際化會計人才培養模式研究
作　者：章新蓉 主編
發行人：黃振庭
出版者：財經錢線文化事業有限公司
發行者：崧博出版事業有限公司
E-mail：sonbookservice@gmail.com
粉絲頁　　　　　網　址：
地　址：台北市中正區延平南路六十一號五樓一室
8F.-815, No.61, Sec. 1, Chongqing S. Rd., Zhongzheng Dist., Taipei City 100, Taiwan (R.O.C.)
電　話：(02)2370-3310　傳　真：(02) 2370-3210
總經銷：紅螞蟻圖書有限公司
地　址：台北市內湖區舊宗路二段121巷19號
電　話：02-2795-3656　傳真：02-2795-4100　網址：
印　刷：京峯彩色印刷有限公司（京峰數位）

　　本書版權為西南財經大學出版社所有授權崧博出版事業有限公司獨家發行電子書及繁體書繁體版。若有其他相關權利及授權需求請與本公司聯繫。
定價：400元
發行日期：2018 年 11 月第一版
◎ 本書以POD印製發行